HEART

心|視野

HEART

心｜視野

HEART

心 | 視野

HEART

心視野

어제보다 더 나답게 일하고 싶다

朴建鎬 (Andy K. Park) —— 著
鄭筱穎 —— 譯

讓每一次的離職都加分

從離職的念頭中，
盤點內在渴望，設計自我實現的藍圖

謹以此書獻給我的寶貝：美伊和常雅

目錄 Contents

第2章 努力拚成績、拚履歷，卻不知道自己的興趣

第3章 不要拚命工作，而是要工作得像自己

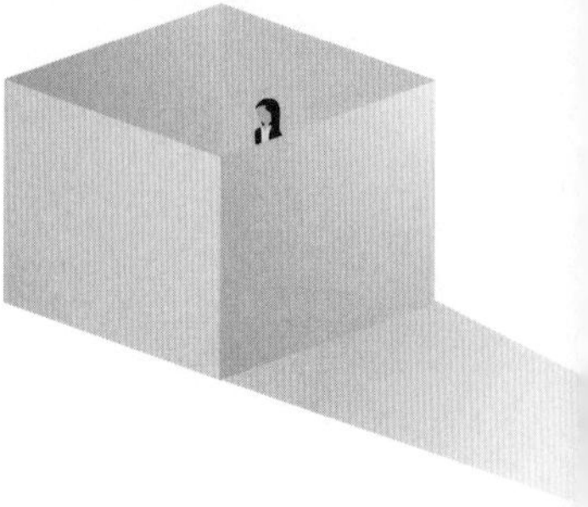

第4章
工作得更像自己（一）
成為自己的職涯規畫師 141

第5章 工作得更像自己（二）尋找適合的工作和公司 181

第6章 工作的最終目的是為了幸福 233

各界推薦

「真的有所謂幸福的工作嗎？工作不就是為了混口飯吃嗎？」身為「辭職學校」創辦人，我經常會被問到這個問題。從公司辭職後，有段時間我也曾抱著這樣的疑問，到處尋找答案。某次，上了建鎬老師的課，他幫我分析完優點和個性特質後，我找到了答案。目前建鎬老師的課也是辭職學校最熱門的課程，這門課程幫助許多上班族找到工作的方向，也讓他們能夠更清楚知道自己選擇離職或不離職的原因，進而在工作上有更好的表現。

在這個就業大不易的年代，做自己喜歡的工作，被認為是「奢侈」的想法。很多人終其一生都在追求他人的認同，失去了自己。擁有超過上千場職涯諮商經驗的建鎬老師，以他清晰的洞察力，幫助許多人找到自己熱愛的工作。他在這本書中提出了許多關於工作本質的問題，值得大家深入思考。

推薦給正在為工作煩惱的你，相信這本書會指引你找到職涯方向！

——辭職學校創辦人　張修翰

有人問我，保持運動習慣的祕訣是什麼？
對我來說，其實就是找到自己喜歡的運動，
享受運動的樂趣，透過持續運動累積實力。
運動是如此，工作更是如此。
一輩子難免會換幾次工作，
既然如此，學會「工作得更像自己」，保證終生受用無窮。

——《魔女體力》作者／人生學院　首爾分校校長　李英美

即使去了很想去的公司、做了自己很想做的工作，但工作一段時間後，會突然覺得好像和自己原本想的不一樣而感到徬徨。若我們沒有了解真正的自己，會盲目地跟隨他人，做出跟大多數人類似的選擇，卻又不確定這個決定是否正確，開始陷入迷惘。唯有清楚了解自己，找到真正適合自己的工作，才能終結所謂的「職場青春期」。如果你也想找回自己，找到工作的樂趣，這本書會是你很棒的選擇！

——初印象演說工作坊創辦人／廣播節目主持人　鄭恩奇

這本書並不是教條式地叫你要「好好認真工作」、「聽話照做」，而是透過引導的方式，幫助你找到「屬於你自己的工作」，享受工作的樂趣。

工作並不只是單純領薪水，而是要以職涯管理的思維出發，找到工作在生命中的意義，讓自己樂在工作（Work in Life）。這本書將幫助所有想要快樂工作的人，開啟一扇新的大門。

——Kakao 人資部主管　鄭珠妍

為什麼我跟上司處不來？為什麼同事處理工作時，總是不知變通，老是用同一套方法？工作時總會遇到許多像這樣令人鬱悶的事。但當你了解自己的優點和個性後，也就比較能理解身邊的人。「因為他是很有責任感的人，所以那時才會這麼做」、「主管個性比較急，想趕快把事情處理完，才會對我說這種話。」如果能對別人多一分理解，工作時心情會變得比較輕鬆，也有助於減輕工作壓力。

——學員　金

聽完這門課後，我最喜歡建鎬老師分析我的優點後，告訴我在哪種狀況下我會有壓力？該怎麼做才能發揮性格優勢，讓工作更有效率？工作有時會莫名變得很消極，原來之所以會這樣，是被自己某種個性特質所影響。

了解自己的壓力來源後，我會開始重新調整工作分量和時間規畫，也會明確地告訴團隊中的人，我希望他們能做到的事。

——學員　SOL

我因為工作遇到瓶頸，才去上建鎬老師的這門課，但除了對工作有幫助之外，上完這門課後，我變得更了解自己，也學會如何與人相處，更讓我看見了自己未知的內在，真的很棒！

「職涯探索」這堂課的名稱，應該改成「人生探索」更貼切！上完課後，我發現過去努力卻做不好、或是半途而廢的事，並不是因為自己不夠好，而是因為那並不是我真正想做的事。無論在工作上，還是在生活中，如果能用自己喜歡的方式，去完成內心真正想做的事情，都會比現在做得更好！

——學員 KIM

以前我從沒想過自己到底擅長什麼？喜歡什麼？只是努力完成主管交代的事。上完這堂課後，我學會挖掘自己平時從未發現的優點。現在即使是件小事，我也能用「我會的方式」，盡全力做到最好，我覺得很開心！

——學員 libellaswi

——學員 A

我從事會計工作已經三年了，雖然很想辭職，但一直不知道辭職後還能做什麼，心裡感到很徬徨。我想要找到適合自己的工作，讓自己發揮所長，所以報名了這堂課。運用課程中學到的方法，我終於找到自己熱愛的工作。透過這個過程，也讓我更認識自己。

——學員　LENAa

作者序

做自己想做的工作吧

「現在這份工作好像不適合我，但離職後又不知道該找怎樣的工作，所以我來到這裡。」

每周日在辭職學校裡，總會遇到許多類似這樣的問題。有的人不知道自己究竟想幹麼；有的人找到工作後，以為一切就海闊天空，卻事與願違；有的人覺得工作很無聊；有的人就算換了工作也還是不開心；有的人沒有夢想；有的人不知道自己到底該找怎樣的工作？

在我看來，這些人其實都很認真生活，努力想把工作做好，但他們不知道什麼才是真的適合自己的工作？自己的天賦到底是什麼？拚命工作卻還是一無所獲，不知道為什麼而工作？即使全力以赴，卻依然毫無成就感，不知道目前的工作適不適合自己？進而忍不住懷疑：「這真的是我想要的生活嗎？」

為了尋找問題的答案，他們踏進了辭職學校。

曾經，我也跟他們一樣。不過必須先說，現在的我並非擁有人人稱羨的好工作，事業也不是飛黃騰達。但我清楚知道我是誰？適合什麼樣的工作？在歷經長時間的自我探索後，我找到了答案。

過去，為了成為一名醫生，我拚命努力念書，後來如願考上美國醫學院中最好的大學，獲得獎學金和學費補助，前途一片光明。然而，修習醫學預科課程（pre-med）過了一、兩年後，我開始對是否要成為醫生感到迷惘。但在傳統大學教育體制下，我找不到自己真正想做的事。

大學二年級時，我甚至一度考慮休學。從那時起，我不再執著於追求財富和名聲，我不想成為「獨善其身」的人，希望盡可能幫助更多人，對社會有貢獻。

幾經思考後，我決定不當醫生，選擇從事健檢相關工作。大學畢業後，在第一份工作中，我學會了一些行銷基本功，便毅然決然離開許多人夢寐以求的美國。回到自己的國家後，因為想要推廣健康的飲食文化，再加上也想尋找屬於自己的人生答案，於是我揹起了背包，展開全國寺廟之旅，四處學習寺廟料理。

我身邊的人完全無法理解我為什麼要這麼做，他們臉上的表情充滿困惑。在正式創業前，我到一間小公司上班，因為那間公司在做的事，正是我想做的。但公司裡的同事反應也一樣，「以你的學經歷，為什麼不去外商或大公司上班，跑來我們這裡做什麼？你該不會是老闆的親戚吧？」他們對我的學經歷感到懷疑，甚至懷疑我這個人。

其實有時我也不知道自己這樣做對不對，一天裡總有好幾次，會對自己的選擇感到懷疑。身邊的朋友和同學，畢業後紛紛踏上就業之路，在各領域中成為專家。而我不只是薪水比不上他們，就連社會上的人也不認同我做的事。我好像把自己丟進了荒蕪廢墟，一個人獨自徬徨，開拓著屬於自己的道路。

當我一邊前進時，也會一邊心想著：「這條路是對的嗎？這麼做會不會只是在浪費時間？」掙扎著到底該不該放棄？轉身回到原本的生活。

但每次一出現：「為什麼我跟別人不一樣？」、「難道只有我這樣嗎？」、「我是不是很奇怪？」類似這樣的想法時，腦海中馬上又會浮現出另一個念頭：「每個人本來就不同，自然會用不同的方式生活。」於是又開始去想：「怎樣才能工作得更像自己？活得更像自己？」

所謂工作得更像自己，並不是單純去思考自己想做怎樣的工作？想進什麼樣的公司？而是應該思考什麼樣的工作，才能讓自己獲得最大的成就感？締造出更多的成果？自己能夠在這項領域中，不斷累積經驗成為專業人才嗎？如果想要工作得更像自己，就必須找到自己熱愛的事情，充分發揮天賦和個人特質。

為了找尋答案，我先分析自己的個性特質，再根據分析結果設計屬於自己的職涯藍圖。會這麼做，完全是為了自己，因為當時的我，需要一套體系來整理自己混亂的思緒，再透過讀心理學時學到的理論和方法，將想法具體化。也運用大學畢業前完成的企劃方案，幫身邊的好友進行職涯諮詢。之後，便開始貢獻自己的專長，幫助在職場上面臨困境的上班族，提供職涯藍圖設計方向建議。經過數十年不斷修正補充，目前運用這套流程系統，每個月舉辦職涯探索課程，聆聽上百位上班族的職場煩惱，幫助他們從工作中獲得滿足。

這是一種終生受用的技能

設計職涯藍圖並不是件容易的事。或許有些人會認為，只有正要準備就業的人，或是剛踏入社會工作不久的人，才會找不到職涯方向。但即使到了三、四十歲，甚至是快要退休的人，也一樣會對未來的職涯感到迷惘。

因此，許多人會尋求就業諮詢服務，或是為了拓展人脈，去參加各種課程。但就算真的進了人人稱羨的大公司，也還是有很多人會感到困惑，不知道工作是為了什麼？

外在工作條件再好，如果無法從工作中獲得幸福，對工作的美好幻想，很容易像泡沫一樣破滅。

本書中，我會以分析的方式，讓大家了解適合自己的工作模式，規畫出屬於自己幸福生活方程式。重新檢視過往的工作經驗，讓我們在平凡的履歷中，發現自己從未發現的天賦和個人特質，充分發揮自己的潛能。不只是工作上的職涯藍圖，透過這本書，你也可以描繪出屬於自己的生命藍圖。

有些人一開始是帶著半信半疑、自我放棄的心情來聽我的課。但在課程中，他們看見了自己的可能性，而在幾年後充滿自信地回來找我。

「雖然當時很痛苦，但我現在很幸福！」

「學會設計職涯藍圖後，我的人生變得完全不同了。」

每次聽到他們這麼說，我都很開心。也希望正在讀這本書的你，能獲得和他們一樣的收穫。

讀這本書時，希望大家能把它當成是朋友、學長，或已經離職的同事所說的話。讀完後若你短時間之內，無法運用我在書中介紹的方法或工具也無妨，但哪怕只有一次也好，日後倘若能以書中提到的觀點，去思考自己的人生和職涯方向，相信這可能會成為你人生中的轉捩點，重新認識真正的自己，不再隨波逐流。這不只是我的故事，也是許多來找我的學員們共同的故事。

並不是讀完這本書後，就能馬上找到適合自己的工作，也並非要你立刻離開不適合的公司或產業。

但這本書可以幫助你找到各種問題的答案：為什麼總是覺得工作很累想離職？離職後如果不想再重蹈覆轍，要以什麼標準來找適合自己的工作或公司？如何在平凡的履歷中，發掘自己的天賦？當家人和身邊的人不認同時，要如何說服他們？學會了這些方法，不只能為你下一份工作加分，日後當你在工作上遇到困難時，這些方法也能終生受用。

我不會直接告訴你該怎麼做，但我會帶著大家找到屬於自己的答案。就像星際大戰中的尤達大師一樣，在旁邊不斷拋出值得思考的問題，讓大家練習自己找答案。

我知道對於渴望立刻獲得答案的人來說，這本書或許不是你想要的，但我認為與其直接給魚吃，教大家如何釣魚更重要。

雖然我們是為了賺錢而工作，但我相信「工作最終的目的是為了幸福。」就算錢賺得再多，如果不幸福，生活還有什麼意義呢？希望大家在汲汲營營於工作的同時，也能好好思考如何為自己帶來幸福？這也是我寫這本書的初衷。

朴建鎬

第 1 章

為什麼換不換工作都一樣累？

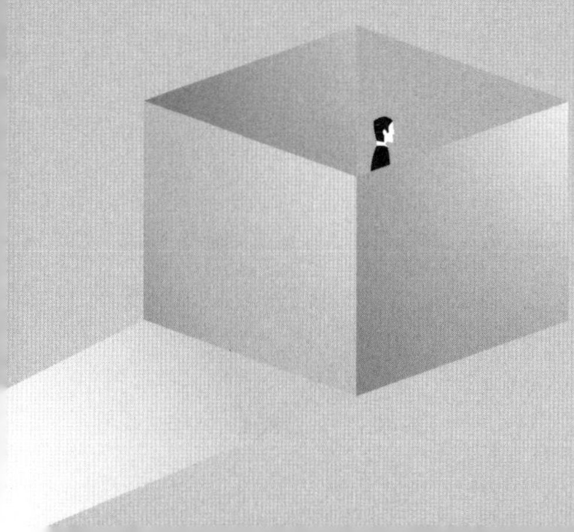

01 二十歲的問題，到四十歲還是沒解決

翻開前十年的履歷

「進這間公司兩年多，跟原本應徵時想的完全不一樣，覺得自己在這裡學不到東西，也做不出什麼成果來。但問題是，就算離開也不知道要做什麼，我的經歷還不夠多，離職也不一定能找到比現在更好的工作；但要轉換跑道，又覺得放棄學歷和經歷，砍掉重練實在很可惜。」

「工作第十年了，雖然很想辭職，但是考慮到年紀，一直不敢遞出辭呈。跟我同期的同事們，不是轉換到新跑道，就是自己創業，只有我繼續待在這間公司。不知道我還能撐多久，也擔心辭職後找不到工作，對未來很迷惘。」

無論是二十幾歲剛踏入社會工作沒多久的年輕人，或是三、四十歲累積了一定資歷的中高階主管，不管是年紀輕的、年紀大的，經驗少的、經驗多的，找我諮詢就業問題的人，他們的煩惱大多相似：「很想辭職，但不知道辭職後還能做什麼？」、「年紀大了轉職不容易」、「厭倦現在的工作，但為了生活也只能硬撐」……。

令人驚訝的是，當中有許多人的工作都還不錯，他們從國內外知名大學畢業後，進入大公司、公家機關、或是外資企業上班，居然也會煩惱到底該不該離職？明明是令人稱羨的工作，但卻在我面前，說他覺得這段時間的努力和心血都白費了？是日子過太爽嗎？

如果連工作待遇這麼好的他們，都對工作不滿意了，其他人到底要做什麼工作，才會覺得幸福？還有，為什麼二十幾歲的煩惱，到了三、四十歲還是一樣？

問題出在對「工作」的態度。

「將來要做什麼工作過日子？」、「做自己喜歡的事情，能養得活自己嗎？」我們對未來有許多擔憂，卻從未認真思考過，「工作」的意義是什麼？

學生時期的我們，在還沒踏進社會工作前，會急著想趕快找到工作，把賺錢當作第一目標。所有人都告訴你：「先找到工作賺到錢再說吧！」在工作中活出自我，似乎是種奢侈的想法。

找到工作開始上班後，往往每隔三個月、三年就會出現職業倦怠症，突然會覺得：「工作到底是為了什麼？」但因為從來就沒有好好認真思考過這個問題，也不知道該怎麼做，到最後認為想這些只是自尋煩惱，找不到解決的方法只好放棄，而不斷重複這樣的惡性循環。

遇到倦怠時，如果沒有停下來認真思考，工作累了，就出國度假慰勞自己，一天過一天，很可能在未來某一刻會突然對自己的人生和工作感到很陌生，好像什麼也沒留下，只留下一張漂亮的「全勤獎狀」。

一句「為什麼」，力量無限大

「現在走的這條路是對的嗎？」

「過去累積的經驗，真的一點用也沒有嗎？」
「要怎麼做，才能找到適合的工作呢？」

如果現在的你，也面臨同樣的問題，那我要先對你說聲「恭喜」！至少你已經開始思考了。很多人就算做到退休，也從沒有認真想過這樣的問題。

我們不必為此感到自責，因為就連長時間在某個專業領域深耕的專家，也會遇到這樣問題。因此，允許自己有這樣的煩惱吧！不管遇到什麼問題，必須先接納問題，才能解決問題。

一句「為什麼」，可以幫助人重新找到生命的意義。

《先問，為什麼？》（*Start with why*）的作者賽門．西奈克（Simon Sinek）擁有極為成功的人生。他從法學院畢業後，決定自行創業，也輕鬆度過創業第三年時的危機。此外，他還幫世界前五百大企業進行教育訓練，是標準的人生勝利組。優渥的薪水、漂亮的頭銜、崇拜他的粉絲……擁有一切令人稱羨的事物。然而，這樣的他，卻依然感到空虛。看似完美的人生，他卻覺得不快樂。於是，他開始去思考自己無法幸福的原因，最後終於得到一個結論：

「為什麼？」

西奈克發現他忘了問自己「為什麼？」失去了為何而做的動機，讓他不管做什麼都提不起勁。

藉由問自己「為什麼？」會強化我們的動機、目標、信念。像是為什麼每天早上要早起去上班？為什麼要努力工作？這間公司為什麼存在？他開始去思考這些問題，並試著找到答案，從工作中找到幸福，締造更大的成就。

沒有煩惱，就不會開始。但即使開始了，也可能會像西奈克一樣跌跌撞撞陷入迷惘。在書裡，我會一直不斷問你「為什麼？」但不會直接給答案，而是指引你方向，帶你去找答案。這本書會讓我們拋開夢幻職業的迷思，轉而去設計屬於自己的職涯藍圖。

但在那之前，必須提醒一件事「不要太過心急」。就像將種子種下後，每顆種子發芽的時間都不一樣，並不會因為比較早翻動泥土，就會更快發芽。即使現在沒發芽的種子，過了幾年後，也可能會冒出新芽；現在看起來像是生病的樹木，到了明年也可能重新活過來。人也是一樣，每個人都有自己的成長步調，即使現在走得慢也無妨，總有一天，一定會走出屬於自己的路！

02 只花四點三個月準備離職？

一輩子平均離職七次

我們可以工作到幾歲？

二〇一八年根據勞動部統計指出，我國男女平均退休年齡分別為六二．八歲和六〇．七歲。意思是，我們從二十歲開始工作，必須工作四十年後才能退休。然而，大部分的上班族，並沒有為未來四十年的職場生涯擬定長期計畫，只想著「接下來」要換什麼工作？

根據人力銀行問卷調查結果顯示，十位上班族中有九位有過離職經驗，三十至四十歲的上班族平均離職次數三次。以工作到七十歲來看，假設每五年轉換一次工作，三十到四十年的工作期間內，離職次數平均約六至八次。

事實上，在美國也有「一輩子平均離職七次」的說法。身為資本主義先驅國，再加上解雇裁員之風氣，換工作也是很常見的事。但即使社會風氣如此，離職也不是件容易的事。

美國華盛頓大學湯瑪斯・荷姆斯博士（Thomas Holmes）與李察德・拉荷博士（Richard Rahe），共同研發出一套生活事件壓力量表（Holmes-Rahe Stress Scale），針對四十三項重大生活事件的壓力指數進行測量，其中與職場變動相關事件的壓力指數都相當高。在壓力量表中，排名第一名的是「配偶過世」（一百分），「被解雇」排名第八（四十七分），「退休」排名第十（四十五分），「轉職」排名第十八（三十七分），「職務變動」排名第二十二（三十分）。職場變動的壓力，雖然無法和家人過世所承受的心理壓力比擬，但對人仍會造成重大衝擊。

假如每五年就要重新找工作，重新適應新的工作環境，每次轉職或職務變動的壓力指數，是面對配偶過世時的三分之一，這種經驗累積七次，其壓力指數等於是歷經至少兩次與配偶死別。

生活事件壓力量表

排名	生活事件	壓力指數
1	配偶死亡	100
2	離婚	73
3	分居	65
4	坐牢	63
5	近親或家庭成員死亡	63
6	個人疾病或受傷	53
7	結婚	50
★8	被解雇	47
9	夫妻破鏡重圓	45
★10	退休	45
11	家人健康出狀況	44
12	懷孕	40
13	性生活問題	39
14	家庭成員增加（孩子出生、領養、再婚）	39
15	事業上的問題	39
16	財務上的問題	39
17	好友死亡	38
★18	轉職，工作內容調整	37
19	夫妻吵架次數增加	36
20	貸款（房貸、投資貸款）	35
21	房子被查封	31
★22	重大職務改變（升遷、職務調動）	30

「下一份工作」該怎麼選？

換工作確實會讓人感受到很大的壓力。在我觀察下，很多人換工作時的準備通常都過於倉促。

根據人力銀行調查結果顯示，上班族準備離職的時間平均只有四點三個月。即使很快就順利找到下一份工作，卻因為沒有做好長期職涯規畫，而經常再次讓自己陷入忙碌的工作生活，工作一段時間後又想離職。就這樣不斷重複著離職、找工作的無限迴圈。

這樣的方式反而讓人造成更大的壓力，而且找到的工作可能不符合原先預期的標準，或是跟原本設定的職涯規畫毫不相關。

不要覺得自己是例外，因為這是大多數人的狀況。很多人會覺得「反正現在還沒有要離職，等之後再說……」但這其實是錯誤的想法。平常就應該思考下一份工作的方向，為自己的職涯做好規畫，如此才能擺脫工作換不停的迴圈，累積長期的職場競爭優勢。

創辦「外送的民族」，在新創產業、行銷領域颳起一陣旋風，被稱為神話的——金逢進，在韓國幾乎沒有人不認識他，但鮮少人知道，他也是歷經過徬徨和挫折後，才成功轉換跑道。

大學畢業後，他在電子公司擔任網頁設計師，因為設計天賦出眾，離職後自己開了一間家具公司。然而，創業不到半年公司就倒閉，一年後他欠下兩億韓圜的債務。擔任網頁設計師時，他曾幫三星、LG、NIKE 等多家知名企業服務，廣受客戶好評。他以為只要跟設計有關的工作，都難不倒他，直到失敗後才發現，過分的自信其實是一種自大。

於是，他重拾上班族身分，回到公司上班還錢，並攻讀研究所學習設計，不停思考符合自己理念的品牌和事業模型，最後創立了「外送的民族」這間外送平台。第一次創業時，他以為「只要做自己擅長或是喜歡的事情就能成功」，卻歷經慘痛的失敗。於是，在第二次創業的過程中，他花了很多時間和心力做準備，才終於贏得成功。

就連備受業界肯定的網頁設計師，在自己擅長的領域中都可能慘遭滑鐵盧，而大部分的上班族，都只利用平日晚上或零碎的假日時間，匆忙準備離職，仔細想想，這樣的風險未免也太大了。

準備離職前，需要一段時間緩衝慢慢著陸（soft landing），如果不想因為緊急降落（hard landing）發生墜機意外，就要事先做好準備，而不是想到才做。

03 換工作別亂挑

不能只考量薪水

社會新鮮人或剛工作沒多久的上班族，通常會希望進入知名企業或大家所認定的好公司上班。除了薪水高、福利好的外在條件很誘人外，很多人是因為不清楚自己喜歡做什麼？該找什麼工作？所以優先考慮外在條件較好的公司。

那麼，有經驗的上班族呢？如果已有一定工作經驗，也大概知道自己適合什麼樣的工作和環境，卻還跟社會新鮮人一樣對大公司有迷思，雖然不確定每次換工作時，工作條件是不是越換越好？但可以確定的是，這樣換工作的方式是「扣分」的。

所謂「扣分」，並不是指換到薪水變少或是福利變差的公司，而是違背自己的信念和價值觀，容易遇到必須勉強自己做不喜歡的事等情況出現。

像這樣以扣分的方式換工作，會讓自己離原本要走的路越來越遠，或陷入進退兩難的囧境。換工作時，若沒有秉持原則和一貫性，很可能離職後什麼也沒學會，或離不開自己不喜歡的產業，就算痛苦也只能硬撐，無法再重新來過。

另一種扣分的換工作方式，是不去想自己適合哪種工作，只要對老闆或公司不滿意就換，把換工作當作「換包包」一樣，想換就換。換工作時，心裡只想著：「要換去哪裡呢？」像這樣的方式，一開始就註定失敗。

讓換工作加分

智賢在建設公司負責行銷，她也曾一度陷入工作換不停的迴圈。剛出社會工作時，她在一間小公司上班，和大學同學比起來，薪水和待遇都不怎麼好。其他同學都在知名企業上班，只有她待在名不見經傳的小公司，連要拿名片出來都覺得丟臉。上班時，一天總有好幾次，會打開求職網站，看看哪些公司在找人，不斷丟履歷想換工作。最後，她如願以償地進到一間頗有名氣的中小型企業上班。

但開心只是暫時的，薪水雖然增加，工作量相對也加重，加班是家常便飯，有時甚至要熬夜。在高壓的環境中工作，總是膽顫心驚，就連公司聚餐也不想去。雖然在大公司上班，能很自豪地遞出名片給父母和朋友，再痛苦也應該要咬牙硬撐下去才是，但通勤時，她還是會忍不住滑手機上求職網站看工作資訊。

換工作其實很簡單，只要符合公司標準投履歷，往往就能順利找到工作。考完大學填志願時，會先看大學排名和熱門科系再填志願；找工作時，先看公司排名，再看平均年薪、福利等相關資料後再投履歷。就像買東西會先看商品資訊，換工作時也會先看過公司資訊。

但光靠這些資訊，很難掌握這份工作的全貌。就算應徵的職稱相同，產業別不同，工作內容和公司氣氛也會完全不同。如果僅透過外在資訊，就決定要換的工作，可能進去後會覺得跟自己先前想的完全不一樣，相信很多人都有過類似的經驗。

想換工作時，必須實際去了解相關資訊，深思熟慮後再做決定。但或許是因為缺少經驗，大部分的人不太會這麼做或容易放棄。把找工作當成是準備考試一樣，上補習班、考證照、找家教老師，或看書自學尋求相關建議。但這些建議通常是針對一般大眾，並非量身打造，所以要離職前，必須事先做好功課，想清楚到底要換什麼工作？別因為一時衝動，就遞出離職單。

戀愛經驗豐富的人，就算談過幾次失敗的戀愛，也不會對人生造成太大阻礙。展開一段新戀情時，也不會有人要你公布過去的戀愛史，但工作就不一樣了，工作經驗是累積的。換工作時，他們會看過去的工作經驗，來評估這個人的能力、價值觀、方向性和目標等，決定是否錄取。因此，換工作前務必要想清楚，避免衝動離職。

假如沒有自己的原則或尚未做好準備就貿然換工作，這麼做就跟賭博一樣，結果可能會比現在更痛苦。人生只有一次，不要把人生當賭注，轉換跑道前，請做好充分準備，有些事一旦決定了，就無法重來。

04

為什麼換了工作，還是不滿意？

工作條件更好卻還是不開心

李晶愛小姐工作七年，一共換了十次工作。第一次換工作是為了加薪，第二次是跟主管不合，第三次是不喜歡公司氣氛，第四次是覺得公司福利很差……基於各種理由，她不斷換工作。雖然剛換工作時，會覺得：「好喜歡這份工作喔！」但過了兩三個月後，馬上就改變心意覺得：「這份工作真的是爛透了！」她的職涯一再重複這樣的惡性循環。

李小姐告訴我，她後來寫履歷時，不會把所有的工作經驗都列上去。因為面試時，人資部門不喜歡太頻繁換工作的人，她不明白為什麼現在的工作條件明明比上一個工作更好，卻還是不開心？對此感到鬱悶不已。

人們之所以會換工作，一定是想越換越好，讓生活過得更好。但遺憾的是，根據人力銀行問卷調查，十位離職者中有六名表示後悔，而離職者中超過百分之六十以上的人並不滿意離職後的新工作。不滿意的原因，排名第一是「薪水福利不如預期」（百分之四十七點八，可複選），第二名是「實際工作內容與預期不符」（百分之四十七，可複選）。

找工作時，我們經常會聽到：讓專業知識「升級」、要打造「高規格」履歷。但是「升級」和「規格」是被用在機器上的形容詞，為何把這樣的語詞套用在人身上呢？難道一個人的「成長」，是像商品一樣，為了賣到更高的價格，得不斷「升級」和提高「規格」嗎？

若是如此，為什麼「升級」後，換了更好的工作，獲得更高薪水的離職者，卻有百分之六十的人不滿意離職後的新工作？回答滿意的那些人，他們又真的幸福嗎？

想要讓離職變加分的方法其實很簡單：

第一，找到符合自己內在需求的工作。

第二，找到比上一份工作，更能讓自己有所發揮的工作環境。

當然，不管是誰都很難在第一份工作時，就找到適合自己的工作。因此，每次離職時，必須先思考「我」和這份「工作」適不適合？「我」和這間「公司」適不適合？但大部分的人換工作時，都只先看外在條件是不是自己喜歡的，一直用扣分的方式換工作，換再多工作都不會滿意。

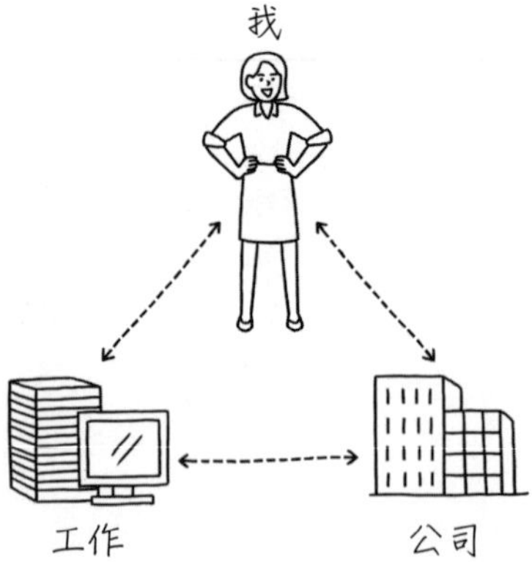

開獨立書店的主播

即使換到更大的公司、薪水更高，如果工作環境不適合自己，做的不是自己喜歡的工作，也不見得會開心。反之，如果待在自己喜歡的環境，做自己喜歡的工作，會覺得工作很幸福，工作表現也會更好。成功不一定帶來快樂，做喜歡的事讓自己快樂，才能為自己帶來成功。辭去主播工作，開獨立書店並成為暢銷書作家的金素英小姐，就是最好的例子。

曾擔任《MBC新聞書桌》節目主持人的金素英小姐，被公司冷凍了一年，停掉手頭上所有節目。沒事做的她，在公司裡唯一能做的，就是坐在辦公桌前看九個鐘頭的書。在離「冷凍期」到期前的兩個月，她覺得自己不能再這樣下去了，向公司遞出了辭呈。

離開公司後，她發現雖然過去做過不少大節目，但直到現在還讓她難以忘懷的卻是那些，她真心喜歡過的小節目，特別是在廣播節目中，化身為「說書人」，帶領聽眾來一趟知性之旅，從中她找到自己真正想做的事。喜歡在書中找尋答案的她，如今開了一間「唐人里社區書店」。在自己經營的小書店裡，她比任何人都還要享受工作[①]。

無論工作條件再好或是公司規模再大，都不保證能提升你工作的幸福感。如果換了工作還是不滿意，就得好好思考，換工作時是否有依照自己的個性，找適合自己的工作？還是只是根據外在條件換工作呢？

---

① 關於金素英小姐的心路歷程，可參考其著作《早就該這麼做的》（진작 할 걸 그랬어）。

05 不要規畫工作，要設計工作

規畫和設計的差別

大部分的人都很擅長規畫，卻不擅長設計。因為我們從念小學開始，就必須學習制定生活規畫表；上了國高中後，為了升學目標，讀書時也要做好時間規畫，因此，自然變得很擅長做規畫。但仔細回想，過去我們在讀書計畫中，拚命把時間填滿，這麼做並不是因為覺得有需要或是自己想要，而是為了迎合別人的期待，為了滿足他人。我們從小就被教育，做任何事情要有明確的目標或規畫，如果沒有做好規畫，就是在浪費時間。但我們從未認真思考過，努力究竟是為了什麼？為什麼連喘氣的時間都沒有，硬是要把行程塞滿？

然而，達成目標真正的關鍵不是方法，而是動機。做什麼（what）並不是重點，重點在於怎麼做（how）以及為何而做（why），這就是規畫和設計的差別。

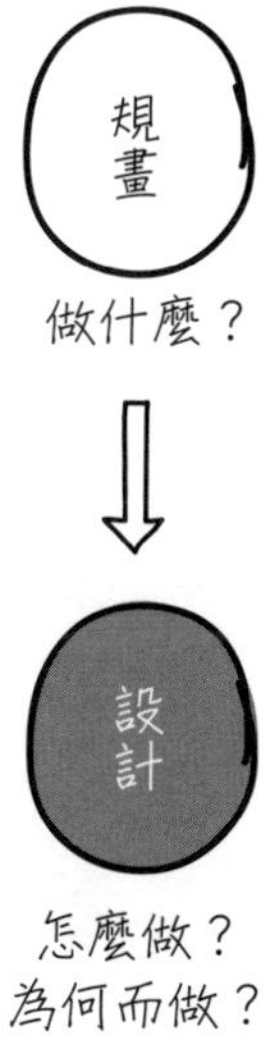

換工作也一樣。「換什麼工作」並不是重點，重點在於你「為什麼」想換工作？用「什麼」標準挑選下一份工作？如果心中沒有明確的答案，建議最好先暫停，回到原點重新思考。

「因為不喜歡現在這份工作才想換工作，如果工作條件比之前更好不就行了嗎？幹麼想這麼多？」

雖然你可能會抗議，但必須說如果只看公司外在條件就衝動離職，就算換了工作也不見得會滿意，長期下來還可能會毀掉自己的職業生涯。

在就業諮詢的過程中，我發現許多人為了逃離目前工作帶來的負面情緒，如憤怒、不安、自卑、鬱悶等，匆忙設定了轉職目標，只想著要如何才能成功轉職，以為這麼做就是有計畫的離職。正在讀這段文字的你，是否也有這樣的經驗呢？

但如果一味認為造成這些負面情緒的原因，是因為公司不好、老闆很爛、同事差勁、薪水很低，那即使換到下一份工作，也還是會發生同樣的事情，然後開始抱怨為什麼自己這麼衰？

當情況越糟時，越是要把腳步慢下來，認真思考。如果不想再重蹈覆轍，想找到真正適合自己的工作，該怎麼做才好？先停下來重新找到方向。

不是去設定工作目標，而是要找到工作動機。試著先把目前的離職規畫擺在自己整體設計的職涯藍圖中，檢視換工作是否符合自己的職涯方向？換工作的動機是什麼？才能避免貿然離職，事後再來後悔當時錯誤的決定。

辭職的理由和轉職的理由必須不同

「如果你想要造一艘船，你要做的不是請大家一起找木頭、分配工作，下令誰該做什麼。你應該做的是，勾起大家對浩瀚無垠的大海產生渴望。」

《小王子》

就像在說明造船方法前，必須先讓人擁有對大海的嚮往一樣，制定計畫前，也必須要有動機，才能發揮力量。

我經常問來找我諮詢的人為什麼想要換工作？回答不外乎是：「繼續待下去學不到什麼東西」、「主管老是愛找碴」、「薪水太低」、「公司沒發展」。當然這些原因都會讓人想換工作，但對未來的職涯一點幫助也沒有。

每當這時候，我會告訴他們，必須區分清楚「辭職的理由」和「轉職的理由」。辭職是為了「逃避」，轉職是為了「追求」，並不是追求某個特定目標，而是「方向」和「價值」。

辭職的理由⇓想逃避某些事物
轉職的理由⇓想追求某些事物

韓民哲先生對我抱怨公司沒制度，在小公司上班的他，覺得公司做事沒有一套標準作業流程，因此想換到比較有規模的大公司上班。但就算真的換到大公司，也不見得能解決他所面臨的問題。

第一個原因是，不是每間大公司都擁有更完善的作業流程。確實有些大公司會按照標準程序做事，但也有些公司比較不按牌理出牌，有時甚至會遇到必須透過人脈關係，來解決問題的情況。在沒有仔細了解之前，很難說哪間大公司就一定會按照他所期待的標準程序做事，所謂的大公司，只是公司規模比較大而已。

第二個原因是，即使進入制度體系完善的大公司，他也不一定會滿意。因為不喜歡公司沒制度，以為只要進到制度完善的公司，一切問題就會迎刃而解，但事實並非如此。雖然目前這間公司讓他不滿意的是制度，不過在同事相處上並沒有太大問題；然而換到新公司後，很有可能制度沒問題，卻會遇到和老闆或同事關係不佳的問題。

因此，準備換工作時，不能把換到大公司當成目標。假如一開始設定轉職目標時，就把中小企業或新創公司排除在外，很有可能會錯過適合自己的工作機會。

因為討厭本土企業的傳統，而想跳槽到外商公司的人；因為工作與生活比重失衡，想追求穩定當公務員的人；因為不喜歡公家機關一成不變的生活，想轉換跑道到新創企業的人，這些人其實都一樣。雖然知道自己想離開當前工作的理由，但對下一份工作卻沒有充分了解。空有想法規畫，卻沒有深思遠慮的設計。

這樣的規畫其實只是一種欲望，只不過是尚未實現的幻想。這世界不會關心你有什麼欲望和幻想？但當你訴說著會讓人產生共鳴的價值觀和方向時，人們才會願意聽你說、幫助你、一起攜手合作。就像一個說自己肚子餓，向人乞討一百元的乞丐，和一個靠自己勞力賺錢，在街頭賣一本一百元雜誌的流浪漢，這兩者你會幫助誰？你的幫助長遠來說對誰更有助益？動機不同，呈現出來的力量自然也不同。

換工作前，先想想動機是什麼？轉職規畫是否符合動機？如果現在的你，還是一樣只是想著：「我想做……」、「我應該要……」、「我想成為……」而沒有明確的方向和目標，是時候該靜下來好好認真思考。

06 以自己的標準挑選適合的工作

時間拖越久越難重來

「但現在這間公司的薪水和福利都不錯……」

「都這把年紀了，砍掉重練萬一找不到工作怎麼辦？」

「先走一步算一步吧，現實考量很重要。」

每個人都知道應該找適合自己的工作，但很少有人會認真思考這個問題，即使剛好有了轉換跑道的機會時，也會猶豫不決。或許是因為對目前的工作還有迷戀，再加上對未來的不確定而感到恐懼。

假如已經冷靜分析過，幾經思考卻還是沒有付諸行動，某種程度上表示你對目前的生活還算滿意。倘若現階段的工作，真的讓人痛不欲生，是絕對不可能再以同樣的方式繼續生活。那些突然遞出辭呈，或是下定決心重新展開新生活的人，是因為他們打從內心深處覺得「不能再這樣繼續下去了」，並不是因為他們比較勇敢或比較厲害。

我懂那種猶豫不決的心情，不過換工作這件事如果越拖越久，有時候越容易錯過最佳時機。如果找不到工作的動力，懷疑自己一輩子只能過這種生活嗎？表示現在的你，需要好好思考自己的職涯方向。

以「自己的標準」生活

到目前為止，你曾經全力以赴，為自己決定人生的方向嗎？

學生時聽老師的，長大後聽父母和身邊的人說的，一直以來是否都是以別人的標準，來決定自己人生的方向？假如你很滿意現在的工作和生活，那倒無妨。但如果你已經是別人眼中的人生勝利組，但依然覺得這不是自己想要的人生。雖然很想逃離現在的工作，但為了生活卻又不得不上班，那麼，是否該放下「別人的標準」，試著以「自己的標準」生活呢？

- **工作是為了什麼？薪水？還是社會認同？**
- **現在這份工作是我想做的嗎？**
- **滿足家人、戀人、朋友的期待，比追求個人幸福還重要嗎？**
- **現在這份工作，值得我投入二十到三十歲的黃金歲月嗎？**
- **你比較擔心現在的工作，還是四十歲以後的生活？**

試著問自己這些問題，找出屬於你的答案。光是透過自我探討，就能知道自己是誰，也可以幫助自己摸索未來的人生方向。

要建立「自己的標準」，必須要先認識自己。事實上認識自己並不容易，就像在履歷表填工作經驗很簡單，但寫自傳卻很難一樣。

因此，當有人來找我諮詢時，我通常會先幫他們做性向分析測驗，找到自己的個性傾向。透過這個過程，我們會更清楚知道自己是什麼樣的人？也會更了解什麼工作適合自己？不再只是天馬行空的想像。

下個章節，會更具體告訴大家，找工作時，如何建立「自己的標準」？掌握自己的個性特質，只能解決一半的問題。必須更進一步了解工作和公司的性質。透過「職涯規畫法」，幫助大家找到適合自己的工作。

了解自己的個性，對職涯規畫很重要，同時放大到人生中，你更需要了解你是誰？希望這次，大家都能走出一條真正屬於自己的路，活得更像自己！

職場筆記

對於離職猶豫不決的原因

「好想辭職不幹了！」雖然心裡這樣想，卻沒有付諸行動是為什麼呢？會有想法而沒做法，是有原因的。以下是幾個典型的類型，幫助大家檢視自己辭職猶豫不決的原因和尋求解決的方法。

「光想到就覺得好麻煩！」——維持現狀的懶人型

這類型的人會維持現狀，是因為不想花時間、心力換工作。用談戀愛來比喻，就像雖然想分手，但沒有新對象，又覺得要跟另一個人重新展開新戀情很麻煩一樣。但其實這樣下去不只會傷害對方，自己也很痛苦，一天到晚都在抱怨，到最後甚至失去改變的動力。怕麻煩的人，通常都有一個共同的特點，他們懶得去想：「我擅長什麼？」、「我想做什麼？」就算想離職，也不知道下一步該怎麼做才好。因此，乾脆靠獵人頭公司幫忙找工作，或是隨便投履歷，中了哪間就去哪間。真心建議千萬不要用這種方式換工作。當想換工作的念頭，還沒有強烈到可以克服自己的惰性時，最好先讓自己稍微停下腳步，稍作休息。否則很容易操之過急，沒有想清楚就亂換工作，反而越換越糟，倒不如不換。

「除了這份工作我還能做什麼呢？」

——不敢跨出舒適圈的膽小型

考量到背景、專業、知識領域，覺得除了目前這份工作外，不確定自己還能做什麼？如果拋開原本的專業和經歷，跳脫舒適圈跨到新的領域，又會擔心落後別人太多，表現不如人。萬一失敗了，一切又得重新來過，內心充滿不安。

這世上，有許多嘗試跳到完全不同領域和產業，重新發展而成功的人。如果老是催眠自己做不到，告訴自己換工作並非想像中的那麼簡單，那就跟吃不到葡萄說葡萄酸，放棄爬樹摘葡萄的狐狸是一樣的。

這類型的人必須盡快找到自己的適性和職涯方向，換工作不是光憑履歷，而是要善用核心優勢，思考如何轉換跑道。關於如何掌握核心優勢的部分，第四章中會再進一步說明。

「換工作薪水能越換越高嗎？」
——只考慮薪水的金錢至上型

這大概是最敏感的話題了。「現在的薪水已經不夠用了，如果換工作薪水還越換越少，生活該怎麼過下去？」很多人會誤以為做自己喜歡的工作，就必須放棄對薪水的要求。

關於薪水問題，我有以下兩個建議。第一，先去調查自己想做的工作業界平均薪資是多少？很多人在還沒跟其他業界的人聊過前，並不清楚實際的薪資水平。即使是同產業，也會因為不同公司、不同客戶、不同專案，領到的薪水天差地別。因此，如果不想被薪水綁架，就先去了解該行業的薪資報酬，看是否能滿足自己的標準。

第二點非常重要，就是實際去算出大概要賺多少錢，才會讓自己覺得幸福？我們很容易會因為收入減少就開始瞎操心，建議透過記帳的方式來抓預算，估算自己希望的最低基本收入。

當開始這麼做後，我們會發現其實可以透過減少不必要的開銷，達成當月收支平衡。而且不只是目前達到收支平衡，甚至可以算出未來五年、十年後，要賺多少才能達到心中的預期？因為有些工作或公司，雖然一開始的起薪很高，但是加薪幅度不高又慢；有些則是相反。

除了記帳和預算規畫之外，推薦我親身實踐過的另一種方法。第一個月先瘋狂地亂花錢，把生活費預算拉到最大，賺多少花多少；下一個月則是盡量省，珍惜每一分錢，用最低的預算生活。當你比較第二個月和第一個月的生活時，會發現珍惜每一分錢的日子，更容易感到幸福。這是值得一試的方法，也會是很難忘的體驗。

「我真的可以做到嗎？」

——缺乏勇氣的自責型

這類型的人看到身邊有人換工作或轉換跑道時，會認為：「哇，他們好有勇氣喔！」認為自己不如他們勇敢。但其實決定這麼做的這些人並不特別，也是一樣歷經徬徨後，才發現自己想走的路。

勇氣並非靠意志或決心就能產生，也沒有人可以代替你勇敢。但不必因為缺乏勇氣而感到自責，也不用跟別人比較來刺激自己，或是急於擺脫困境。清楚知道自己想要過什麼生活，自然就有勇氣去改變，不需要太過擔心。

你並不是因為沒有勇氣所以不離職，而是因為還沒有確定好未來要走的路。不要再怪自己不夠勇敢，而是從現在起，好好思考未來的職涯方向。

「雖然很想離職但不知道該怎麼做。」

——有想法沒做法的資訊不足型

這類型的人雖然想離職，但因為資訊不足無從比較，不知道該換什麼工作才好，因此遲遲無法做出決定。事實上，大部分的人都是透過求職網站搜尋工作資訊。但其實工作除了這些之外，還有很多不同的類型和公司。

如果沒有親自去了解，只是從別人提供的資訊去做選擇，從狹隘的範圍中，隨機去挑選工作，職涯便很容易受到侷限。因此，必須親自去搜尋更多資訊，而不是交給獵人頭公司或求職網站，這麼做就等於是把人生的主控權交給別人，就像希望家教老師替你決定大學要念什麼科系是一樣的。在第五章裡，我將會告訴你更具體的方法，如何找到適合自己的工作和公司。

第 2 章

努力拚成績、拚履歷，卻不知道自己的興趣

01 英文好就要讀英文系？

只看「成績」不看「興趣」

何謂事業（Carrer）？就字源來看，它是從拉丁文的「*carrus*」（二輪戰車），和義大利語「*carreira*」（給車輛行駛的路徑）衍生出來的。直譯的意思是指「道路」，也就是「正在走的路」。

然而，現代社會對事業的定義卻不同，很多人把事業當成是「業績」。用「累積哪些專業經驗？」、「擁有哪些能力？」這些問題來判定事業是否成功。

事業不再是現在「正在走的路」，而是過去「已經走過的路」。結果，我們努力拚成績、賺薪水、累積財產、爭取職位，以為得到的越多就越成功。但這樣的觀念，卻對打造真正屬於自己的職涯一點幫助也沒有。

亨進從國中開始，英文成績就非常出色。班導師和父母建議他大學念英文系，他自己也覺得英文成績這麼好，念英文系應該很適合自己，於是拚命努力讀書，也順利考上名校的英文系。亨進對於自己能發揮個人優勢，進入理想中的大學，心裡感到很開心。

幾年後，亨進以優秀的成績從英文系畢業，聽指導教授的建議，繼續攻讀碩、博士學位，畢業後回母校當副教授，展開他的教學生涯。然而，他對教學並沒有熱忱，覺得無聊又浪費時間，讓他忍不住懷疑：「未來三十年都在英文系教書的生活，真的會讓我幸福嗎？」

亨進一直以來的做法並沒有錯，也比任何人都還要努力，在別人眼裡看來，他是標準的人生勝利組。擁有穩定的工作，再拚個幾年就能晉升為教授，前途一片光明。但為什麼看似職涯順利的亨進，會對自己的未來感到懷疑？

原因是，亨進在挑選工作時，只看自己的「英文成績」，完全沒有考慮自己的個性傾向。所謂的個性傾向，是與生俱來的特性，指的是一個人的「內在需求傾向」，同時也是生存和活動必備的「燃料」。簡單來說，就是「動機和滿足的來源」。

每個人都有自己的特點，因此別人很喜歡的事，可能自己並不怎麼喜歡。反之，對別人來說不怎麼重要的事，很可能是自己最在乎的事。

舉例來說，雖然現代社會中求職者不再一窩蜂的追求「鐵飯碗」，有很多人不希望自己的工作，只為了追求「穩定」，但公務員和老師也還是很受歡迎的工作。也有人認為一輩子就這麼一次，在「即時享樂」（YOLO）② 風氣盛行的社會文化下，把「錢」看得比什麼都重要的大有人在。但在選擇工作時，若忽略自己的個性特質，不管是哪一種選擇，都很容易被不安和自卑打敗。

英文成績為什麼變好？

我們回頭看看亨進的例子。

亨進父親是工程師，家裡有很多剛上市的電腦和電子產品，讓他從小就對這些機器很感興趣。讀國中時，為了上國外ＩＴ社群網站獲取最新產品資訊，還特地去翻閱字典，英文成績就是從那時起突飛猛進的。他非常喜歡在社群網站上和世界各國的人交流，互相分享資訊。臉書的追蹤人數甚至超過一萬人，只要一有新的電子產品推出，他也會拍開箱影片上傳到網站上。

雖然他很喜歡做這些事，但他一直認為這只是興趣而已。亨進的父母不喜歡他浪費太多時間在這些事情上，而他也認同大人說的話：興趣是興趣，工作是工作。因此，他努力把所有科目中成績最好的英文讀好，從大學到研究所畢業，十多年來都相信這是屬於他的路，從未懷疑過。

然而，事實上亨進喜歡的，是和世界各地的人交流電子產品資訊，並不是英文本身。再加上對他來說，教英文是件很枯燥的事，他喜歡和跟自己知識水準相當的人互動，但在大學教書面對的是才剛起步的學生們，很難獲得更多新的知識和刺激，每天

---

② YOLO是 You Only Live Once（你這輩子只會活一次）的縮寫，意指活在當下、及時行樂。

都覺得心疲力盡。

亨進英文成績變好的原因：

喜歡英文 ⇏ 成績變好

對機器的熱情 ⇒ 搜尋海外資訊 ⇒ 成績變好

應該很多人對於亨進的煩惱感同身受。大部分的人都在煩惱未來該做什麼，卻沒有好好想過「自己的興趣」是什麼？在許多問卷調查中都顯示出，大多數的人在挑選大學科系時，都是按照分數，並選擇之後比較容易找到工作的科系。

那挑公司時呢？

當煩惱「該去哪間公司好」時，當然會優先考慮薪水、福利、公司氣氛、通勤時間、上下班時間等各種因素。但往往沒有把興趣納入考量，沒有好好思考這份工作適不適合自己的個性特質。

《恆毅力》（*Grit*）的作者安琪拉．達克沃斯（Angela Duckworth）認為成功的關鍵，不在天賦與智商，而是「堅持到最後的恆毅力」。小時候的她，聽從父親的建議，放棄「熱情」選擇「現實」。然而，長大後的她開始懷疑，建議年輕人出社會後做自己想做的事情，是否真的那麼不切實際？

她花了十幾年的時間投入研究，根據研究結果，她得到兩個結論。第一，工作和興趣相符的人，更容易感到滿足。第二，對工作充滿熱情時，表現會大幅提升。透過這項研究，她發現當我們開始做某件事時，成效結果如何，取決於我們的「熱情和渴望以及喜愛的程度」。

而達克沃斯也一樣，對她來說，比起在世界知名管理諮詢公司——麥肯錫（McKinsey & Company），擔任管理顧問坐領高薪，她更喜歡跟孩子在一起，對教育充滿熱忱和興趣。於是，她離開了人人稱羨的工作崗位，跑到紐約的公立高中教書。

在平行宇宙的某個角落，或許會有另一個亨進，依照自己的志趣，選擇了不一樣的職業生涯。他可能會當一名知識性網紅，繼續拍一些電子產品開箱影片；或是在廣告公司擔任創意總監。雖然無法斷定哪種人生更成功，但至少選擇符合自己志趣的工作，不會陷入懊悔，覺得自己過得很不幸福。

用分數和能力來決定自己人生道路的錯誤，就留給平行宇宙的另一個自己吧！在這個宇宙的你，這輩子要活出自己的生命價值，順著心的方向走，別忘了自己要走的方向。

02 十個人只有一個熱愛工作

認真工作卻無法愛上工作的原因

你觀察過早上通勤去上班的人嗎？許多人臉部的表情相同，一臉黯淡無光。那表情似乎在說：「要不是為了生活，真想立刻辭職不幹！」許多上班族的口頭禪都是：「才剛上班就好想下班喔！」對這些上班族而言，上班只是為了等下班，恨不得時間快點過去。

不久前，我聽到一位學員找職涯顧問諮詢時，顧問告訴他：「工作本來就是為了生活，十個人只有一個熱愛工作，只要是工作，就不可能有趣。」難道，工作真的只是為了混口飯吃？只會讓人痛苦嗎？

全球知名調查機構蓋洛普（Gallup）公司，曾針對員工工作投入度進行調查。調查結果發現，美國企業中平均有百分之三十的員工熱愛工作，但我國企業中熱愛工作的員工只有百分之十一。這意謂著，十個員工裡在美國有三個，在韓國只有一個，能找到工作的意義與價值。

關於員工對工作的投入度，為什麼美國和我們會有這麼大的差異？是因為我們國家的人天生比較懶嗎？並不是的，大多數的人都非常勤奮努力。

從參與職涯探索課程的學員們身上，我找到了原因，我認為是環境因素所造成。

「薪水太低根本沒動力上班！」

「每天忙著加班、應酬，工時太長累到爆！」

「跟美國比起來，工作環境和福利差太多了！」

「面對僵化的組織文化，讓人感到無力。」

待過美國公司也待過我國公司的我，對他們的話很有同感。

但還是有一些地方無法解釋。為什麼在同樣的環境下，仍有百分之十一的人熱愛工作？這些人本來就是工作狂嗎？還是他們的基因和一般人不同？我認為這些人熱愛工作的真正原因是，因為他們找到「適合自己的工作和環境」。換句話說，當找到適合自己的工作和環境，無論是誰都能愛上工作。

做適合的工作才能愛上工作

提出心流理論的米哈里・契克森米哈伊（Mihaly Csikszentmihalyi），從小他很好奇：「為什麼有些人明明一無所有在街上乞討，卻能面露微笑？而有些人即使家財萬貫，卻一天到晚憂心忡忡？」長大後的他，成為一名心理學者，畢生都在研究這個問題。研究結果發現，幸福並非來自環境或外在條件，而是來自於「投入」某件事。

被稱為是微軟傳奇工程師的中島聰，也是個熱愛工作的人。他研發了滑鼠雙擊、右鍵的功能，並設計出 Window 95、Window 98 的作業系統。他小時候很喜歡寫程式，但當時他並不知道做自己喜歡的工作有多重要。因此，大學畢業後找工作時，他只看薪水多少、需不需要加班……等外在的工作條件。

後來因為進入了自己喜歡的程式設計領域，全心投入工作，創造出非凡的結果後才發現，找工作時有其他更重要的考量，而首要關鍵就是，自己想做的事、喜歡做的事。做自己喜歡做的事時，他可以一天連續工作十六小時，但做自己不喜歡的事情時，就完全無法專注投入。

可惜的是，有些人誤解了米哈里．契克森米哈伊和中島聰所謂的「投入」。誤以為：「如果想實現某些目標或成就，即使不喜歡，也必須專注在目標上，進而努力。」千萬不要把「投入」和「專注」混為一談，並不是因為專注在某件事上，讓人感到幸福，而是投入做自己喜歡的事情，才會感到幸福。

米哈里．契克森米哈伊和中島聰的核心理念是：「主動投入」而非「被動投入」。並不是有人要求才這麼做，也不是被威脅或利誘，而是發自內心自然而然地專心投入，進入忘我的狀態。米哈里．契克森米哈伊曾說過，順著「心流」時，會覺得「心像是流動的流水一樣寧靜」、「像是在天空翱翔般的自由自在」。

即使我國的工作環境沒有美國好，還是有百分之十一的人，找到適合自己的工作和公司。想要變成那百分之十一，並不是勉強硬撐著，強迫自己適應工作和公司，而是要找到一天內可以重複做很多次都不會膩的事，先了解自己後，再依照自己的個性特質，尋找適合自己的工作。

03

找到適合自己的工作很奢侈？

日子過太爽才會想這些？

「誰不想找到適合自己的工作？問題是，連生活都有困難了，哪有時間去想這些？興趣又不能當飯吃，不是每個人都可以想怎樣就怎樣。」

我到各地演講時，經常會聽到上述的話。每個人都知道「適性」很重要，找工作時，要找適合自己的工作。但似乎所有人都認為這根本是天方夜譚，癡人說夢話。

「適性」從字面上來看，顧名思義就是「適合自己的個性」。一個成熟的成年人，會認為即使是不喜歡的事情，也應該要忍耐，他們誤以為適性就是「做自己喜歡的事、有興趣的工作」，所以認為那些想要找到適性工作的人，就像唐吉訶德一樣，活在不切實際的幻想中。

演講時，我經常談到「適性」這件事。因此，偶爾有人會誤以為我是含著金湯匙長大，不知人間疾苦的人。但我並不是因為經濟充裕，或是日子過太爽，才想找到適合自己的工作，而那些來參加職涯探索課程的人們，也不是吃飽沒事幹，想把興趣當飯吃。

不過，如果聽到有人說：「我想離職，因為這份工作不適合我」時，還是有很多人認為這些人是「日子過太爽」，投以輕蔑的眼神。尤其是如果離開的是知名企業或是穩定的工作，更是嗤之以鼻。是因為即使做不喜歡、不適合自己的工作，多數人還是會勉強硬撐嗎？所以當聽到有人想要找適合自己的工作時，會覺得這些人未免太不知天高地厚，想法太奢侈。

是奢侈還是最棒的投資？

然而，想找適合自己的工作並不是不知天高地厚，也不是日子過太爽，反而可以說是一種最棒的投資。

假設一出生，就獲得十億的遺產。你會把錢投資在年利率百分之一，還是年利率百分之五的銀行呢？肯定是後者吧！光是以短期來看，第一年的利息分別是一千萬元和五千萬元，如果放長期，十年後的利息是一億和五億，時間越長，差距越大。

年利率百分之一　vs.　年利率百分之五

你會選哪一個？

找適合自己的工作，也是如此。投入同樣的時間，如果待在適合自己的工作和公司，工作效益會更大。持續十年、二十年，最後獲得的成果也會相當驚人。

隨便一間公司×努力 vs. 適性適所×努力

你會選哪一個？

韓國知名生物學家崔在天教授也曾經歷過同樣的問題。如今他是各項專業領域的權威，甚至被譽為通識理論代言人。但學生時期的他表現並不出色。考大學時，在父親的勸說下把首爾大學醫學系當成第一志願，考了兩次都失敗後，只好進入第二志願動物學系。雖然就讀動物學系，但比起念書，他更熱衷寫詩和攝影。

直到大學四年級某天，美國猶他大學喬治．埃德蒙斯（George Edmonds）教授，為了採集蜉蝣標本來到韓國。他被安排當喬治．埃德蒙斯教授的助手，一整個星期和教授走訪全國各地山區，展開學術研究之旅。在過程中，他發現這才是他真正想做的事，開始認真為留學做準備。當時，他學業平均成績不到二點零，幾乎快被當掉的他，在大學四年級畢業前，一口氣修了四十八學分，還全都拿到A級分，順利出國留學。原本對學業不感興趣的他，在發現自己的樂趣後，認真努力讀書，最後出國留學。他就像魚遇到水一樣，感受到學習的樂趣後，成為了一名螞蟻研究學者。

崔在天教授建議年輕人不要害怕失敗，盡量去闖，即使徬徨也無妨。因為過程中不斷嘗試探索，很可能哪天會突然發現自己的興趣，並在多元經驗的累積中，找到自己的強項。他這麼告訴大家：

「上大學時我都在混，根本不記得自己曾好好認真讀書過。花了十一年的時間，我終於在美國取得學位。還到處去上跟本科系無關的藝術史、哲學課，導致論文進度延宕。但從某一刻起，我突然發現，這就是我想走的路！於是，開始卯起來拚命念書，就像在高速公路開車一樣，火力全開。甚至超越了那些比我早出發，跑在我前面的那些人。」

很多人到現在都還沒找到自己的興趣，不知道自己適合什麼樣的工作，就像一直把水倒進底部破洞的甕裡，繼續維持年利率百分之一的投資，過著空虛的生活。崔在天教授也說，如果當時他沒發現自己要走的路，仍不斷跌跌撞撞，現在的他，很可能只是過著平凡生活，偶爾喜歡寫寫文章的業餘作家而已。假如沒有發現自己的潛力，就這樣庸庸碌碌過一輩子，浪費寶貴生命，才是真正奢侈的行為，不是嗎？

不知道什麼才是適合自己的方式，而盲目地付出體力和時間去努力，就跟辯稱說沒時間去找利率高的銀行，繼續把錢存在最低年利率銀行裡的做法一樣。假如你希望付出的時間和努力能夠成正比，能夠發揮最大的光芒，唯一的方法就是找到適合自己的工作，才能獲得最佳投資報酬率。

04 個性傾向比能力、資歷、努力都重要

我們都問錯問題了

如果有人問：「你是什麼個性的人？」大部分的人會回答自己喜歡什麼、不喜歡什麼。「我不喜歡交際應酬」、「我喜歡果斷乾脆」、「我的個性不喜歡輸」，或是刻意迎合別人的期待來回答，甚至也有人根本回答不出來。

明明我們應該是最了解自己的人，為什麼有些人卻連自己是什麼個性的人都不清楚？原因很可能是因為問錯問題了。

當被問到「你是什麼個性的人」時，人們之所以無法準確回答，第一個原因是因為他們把「工作時的個性」和「平時的個性」區分開來。其實，工作時出現的個性特質，平時也會嶄露出來。忽略這點，而是以「有哪些個性特質值得說出來」的觀點來

思考，那麼答案也可能有問題。

所以正確的問法應該是：「你平時的個性如何？」假如平常和工作時都出現同樣的個性特質，這就是自己原本的性格。

工作時的個性傾向＝平時的個性傾向

第二個原因是認為一個人的「行為」代表他的「個性」。通常我們在觀察別人的個性特質時，會先觀察這個人的行為。例如：這個人如果做事很快或很急，就會說這個人「性子急」。但是透過行為分析個性，並不能全盤掌握。更正確的問法應該是：「我為什麼會有這樣的行為出現？」，而非「我有什麼樣的行為？」必須知道自己是基於什麼理由，才想盡快完成。

有些人做事很快，是因為認為效率很重要；有些人想快點把事情做完，是因為覺得如果不小心做錯了，還有時間可以彌補。因此，要了解一個人的個性，不是只光看表面行為，要了解背後的動機和價值觀。

要了解自己的個性特質，要先掌握「做事方式」（how）和「原因」（why）。

然而，很多人一開始卻都先從表面的「做什麼」（what）開始，因此很難認識自己。但也不必每個行為都去探討背後的方法和原因，事實上也不可能真的做到。只要對於「經常出現的行為模式」進一步做探討，就可以從中察看出自己性向的端倪。

以下是了解自己個性傾向的兩種問句模式：

1. **平時我是「怎麼」做事的？（做事的方式）**
2. **我「為什麼」會有這種行為？（原因）**

不是問做什麼，要問怎麼做和為什麼

「那我要如何找到我主要的行為模式呢？」

對完全不了解自己個性傾向的人，我最推薦的方式是「玩」。這裡所謂的「玩」，並不是指和朋友喝酒聊天，而是「獨自一人」做平時最喜歡做的事。透過獨玩的方式，了解自己喜歡做什麼，不喜歡做什麼，蒐集到大量的資訊，觀察自己如何思考？如何做決定？如何反應？想了解自己的性格，要從日常生活瑣事，觀察自己的行為模式，了解自己為何會這麼做？

以我為例，我最喜歡做的就是吃東西、看電影、聽音樂，從學生時期，我就非常熱衷這三件事。只要一放假，一天可以看四到五部電影，明明是沒錢的窮大學生，每個禮拜還是照樣舉辦紅酒派對；到國外旅行時，一聽到有喜歡的音樂劇表演，也經常一個人去看表演。

重要的並不是玩的時候，喜歡做「什麼」，而是去探討「為什麼」喜歡？對我來說，我喜歡看電影時，可以透過演員的觀點去思考、可以和別人討論劇情；我聽音樂時，喜歡去了解這位音樂家是受到誰的影響？又或者是他的音樂影響了誰？這就是我的興趣。

後來，我把這項興趣發展成工作，在職涯探索課程上，或是進行電影心理學相關節目時，我喜歡訂好某個主題後，和其他人一起討論，從中發現各種不同的觀點，再進一步去分析對彼此造成的影響和原因。像這樣的活動，不管是作為興趣，還是工作，我都十分喜歡。

如果我不夠了解自己的個性特質，沒有發現自己真正的興趣，或許我就不會像現在這樣成為職業諮詢師，也不可能在幾百人面前講課。正因為夠了解自己，讓自己盡情地去「玩」，而且不光只是「玩」，是深入探討為什麼喜歡玩？才能像現在這樣，做自己喜歡且擅長的工作。

除了「玩」之外，了解自己個性的方法，是去觀察自己對什麼事情特別感興趣。不要把喜歡的事情當作未來出路的選項，而是去探討為什麼喜歡做這件事，要了解自己的個性特質並不難，只要從日常生活中留心觀察，就能夠掌握自己的性格優勢。

05

如何發掘自己的個性傾向？

我是一個什麼樣的人？

藉由觀察興趣、喜好或熱衷的事情，雖然大致知道自己喜歡做哪些事，但還是很難具體掌握個性。透過八十六頁到八十八頁的問題列表，可以幫助大家更明確了解自己的性向。問題分成習慣、興趣、感受、關係四大類，以自我提問的方式，再進一步分析。誠如前面所言，重要的並不是答案，而是探討答案背後的「做事方式」（how）和「原因」（why），透過問題答案的共通點，更了解自己。

發掘個性傾向的問題列表

下面的問題除了問自己外，也可以試著問問身旁的親朋好友。

習慣

- 每天一定要做或經常做的事是什麼？
- 哪些事在別人看來是浪費時間，但你卻特別喜歡做？
- 平常最常說的口頭禪或用語是什麼？
- 開始進行新工作時，準備方式是什麼？
- 遇到困難時，如何克服？
- 休息時通常會做什麼？
- 如何排解壓力？
- 和別人聊天的話題通常是什麼？

興趣

- 喜歡的電影、戲劇、書是哪一類？
- 喜歡做哪些運動或休閒活動？
- 打扮或裝飾空間時，認為最重要的元素是什麼？
- 通常會如何規畫旅行路線？旅行時會做什麼？
- 喜歡研究的資訊或蒐集的東西是？

感受

- 何時感到自在？何時感到不自在？
- 何時感到開心？何時感到痛苦？
- 何時感受到存在的價值？
- 喜歡聽到什麼樣的讚美？
- 討厭聽到什麼樣的批評？
- 何時覺得自己有所成長？

關係

- 喜歡和哪一類的人相處？
- 討厭和哪一類的人相處？
- 認為人際關係中最重要的是什麼？
- 在團體中，主要扮演何種角色？
- 與人交談時，通常是聆聽的一方？還是說話的一方？
- 別人對我的印象是什麼？
- 喜歡團體生活？還是喜歡獨處？

透過問題列表觀察「日常生活」，可以進一步發掘個性特質。「我平時喜歡什麼？」、「我希望每天可以做什麼？」不管是工作、與人相處還是旅行，這件事都滿足你的內在需求的話，那麼它可以說百分之百就是你的個性傾向。因此，個性傾向其實也可以說是「內在需求」。

找尋內在需求

問題	做什麼	如何做	原因
休息時通常喜歡做什麼？	按摩、泡溫泉	在人煙稀少的清晨	可以在**短時間**內迅速**有效**消除疲勞
喜歡哪種運動或休閒活動？	騎腳踏車、慢跑	獨自在附近的公園	運動完後可以**趕快**回家
旅行時，喜歡如何規畫路線？	盡可能尋找最短路徑	詢問當地居民或旅客捷徑	可以**減省**時間和體力
認為人際關係中最重要的是？	互相幫助	在一開始以最快的方式掌握對方的優點	**不必浪費時間**經營表面關係
共通點（個性傾向、內在需求）	我喜歡有效運用資源		

上頁圖表是參與職涯探索課程的A先生，經由觀察自己日常生活的過程，所整理出的內容。透過這個表格，可以清楚知道如何拋出問題？如何回答問題？以及如何挖掘答案背後的方式（how）和原因（why）？

以A先生為例，他喜歡按摩，是因為「可以在短時間內迅速有效消除疲勞」；喜歡慢跑，是因為「不用跑到太遠的地方運動，而且運動完可以馬上回家」；旅行時，喜歡查詢最短路徑，因為「可以減省時間和體力」；認為人際關係最重要的是互相幫助，因為「不必浪費時間經營表面關係」。

以關鍵字來看，可以歸納出一個共通點：A先生的個性特質是「喜歡有效運用資源」。

在定義自我的個性特質時，有三個重要關鍵：

第一，必須是「主動」的行為，雖然經常做這件事，但不是受別人指使，或是勉強去做。

第二，當下是「享受」的。這麼說可能會讓人誤解，因為並不是做這件事時感到開心，就表示「享受」。「享

受」是一種內在需求完全獲得滿足的喜悅狀態，當需求無法被滿足時，另一個極端反義詞是「痛苦」。介於兩者中間，可能還有開心和不開心等各種感受。而「享受」是當中最正面積極的狀態，代表需求獲得全然滿足。然而，要注意的是，做同樣一件事，很可能會同時帶來痛苦和享受。

第三，問自己：「我有哪些需求？」時，不要急著太快回答，必須經過深思熟慮，靜下心來認真思考。因為急著馬上給出答案，很可能會判斷錯誤。先仔細觀察日常生活，再進行條列式整理，才能釐清自己的個性傾向。（請參照第二五六頁，第一階段：確認自己的內在需求）

了解自己的過程並不容易，但掌握個性特質後，就可以站在客觀的立場，釐清自己內在的真實需求。以下是某位參與職涯探索課程的學員，針對自己內在需求做出的

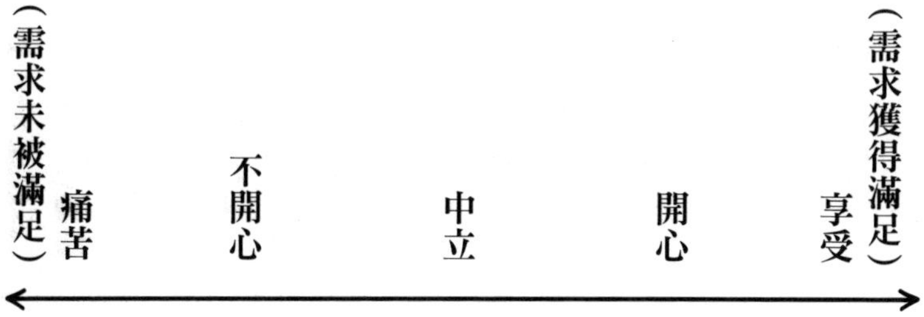

內在需求（個性傾向）

定義。

我的內在需求是：

1. 喜歡表達自己的想法

2. 喜歡掌控大局

3. 傾向避免未來可能發生的風險

這位學員無論是平常和朋友聊天，或是在公司開會時，都喜歡「主動表達自己的想法」。因為這是他的內在需求，當可以盡情發表自己的想法時，會讓他感到非常開心。反之，如果沒有機會發表自己的想法，或是必須無條件聽從其他人的意見時，會讓他感到痛苦。因此，如果他的工作能讓他盡情表達想法，會讓他很有成就感並且樂在其中。

雖然我強力推薦運用「發掘個性傾向的問題列表」，來找到自己的內在需求，不過對於平時很少關心自己，或是感受力沒那麼敏銳、沒有特別喜好的人來說，或許難以透過上述方法來了解自己的個性傾向，如果這個方法，無法讓你順利掌握自己個性傾向的話，還有其他方法可以運用。

如：美國蓋洛普（Gallup）機構所研發出來的「優勢識別器」，幫助學員找到自己的性格優勢；唐諾．克里夫頓（Donald O. Clifton）和湯姆．雷斯（Tom Rath）共同撰寫的《你的桶子有多滿？》（*How Full Is Your Bucket?*）一書中，隨書也附上了線上診斷碼；在蓋洛普教育訓練中心官網（www.gallupstrengthscenter.com），你也能購買克利夫頓優勢進行檢測。

此外，也可運用九型人格測驗、DISC測驗、MBTI職業性格測試等方式，有很多方法都可以協助。但要記住，不要只看測試結

我的本質

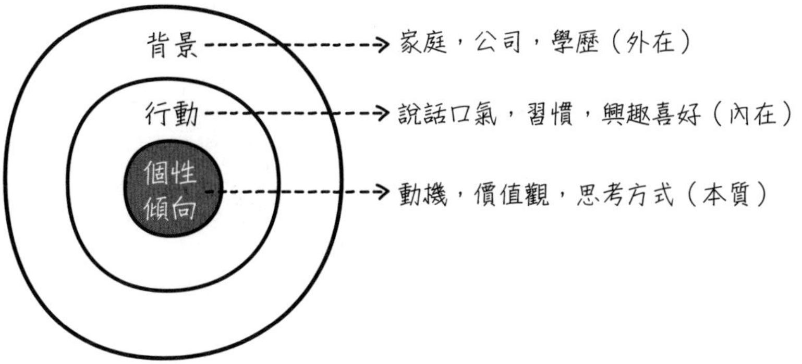

果，而是要去分析行為背後的原因和動機，才能更明確地掌握自己的性格特質。如同前面一再強調，不能只光看行為本身，就魯莽地斷定個性傾向。

必須要找到自己會這麼做的原因，也就是背後的動機和價值觀是什麼？為什麼會這樣認為？為什麼會這麼做？有什麼感受？藉此找到自己的內在本質。因為外在的我，並不是真正的我；內在的我，才是真正的我。

06

「工作」和「公司」也有個性

和工作、公司「相親」時

到目前為止，我們已經了解發掘自己個性傾向的方法。那麼，明白自己的個性傾向後，就能找到自己喜歡的工作嗎？

這樣的想法就跟知道自己喜歡的夢中情人類型後，以為去相親就能找到命中註定的對象一樣。光是知道自己喜歡哪種類型的人是不夠的，就算是相親，也要彼此個性合得來，才有可能配對成功。因此，想找到「天職」，也得跟「工作的個性」合得來才行。

不對啊！工作又不是人，要怎麼知道工作的個性？了解公司的個性還比較容易，只要看公司領導者或員工，大概就能掌握這間公司的氛圍。但工作的個性？工作真的有所謂的個性嗎？

雖然聽起來很莫名其妙，但工作確實也跟人一樣，每份工作都有它的個性特質。但就像我們沒辦法從髮型或穿著來判斷一個人的個性，工作的個性特質也無法單從領域或產業別來區分。

因此「比起待在辦公室坐著，我更喜歡與人見面交流，所以適合業務行銷領域」，像這樣光看工作的表面性質來選擇工作，是非常危險的。必須先了解工作的本質，再看看自己的個性是否適合，才能找到適性工作。

由我定義工作的本質

假如A的個性是屬於「不斷追求成長進步」類型的人，而他做的工作是必須「一再處理相同的問題」，A很可能會覺得工作壓力大。

因為這份工作裡缺乏提升自己能力的機會，A會感覺自己像希臘神話中被處罰的西西弗斯一樣，每天辛苦地把巨石推上山頂，到達山頂後巨石又滾回山下，重複著日復一日的工作。以A的個性來說，比起做負責解決類似問題的工作，去找像工匠一樣可以不斷精益求精，提升自己技藝的工作，或許會更適合。

假如A獲得蘋果公司的邀請，加入工程師團隊，對平常就很喜歡MacBook和I-PHONE系列產品的A來說，光是想到能夠參與製作自己喜歡產品的過程，就覺得興奮無比。

但A對蘋果這間公司並不了解，也不知道工程師的工作適不適合自己的個性。因此，就必須先清楚這份工作本身的內容。

產品工程師主要的工作內容是改善產品製程，必須盡可能減少製程費用和時間，同時不斷想辦法提升產品完成度，這是這份工作的特點，也是工作的性質內容。因此，像A這種喜歡「不

工作的本質

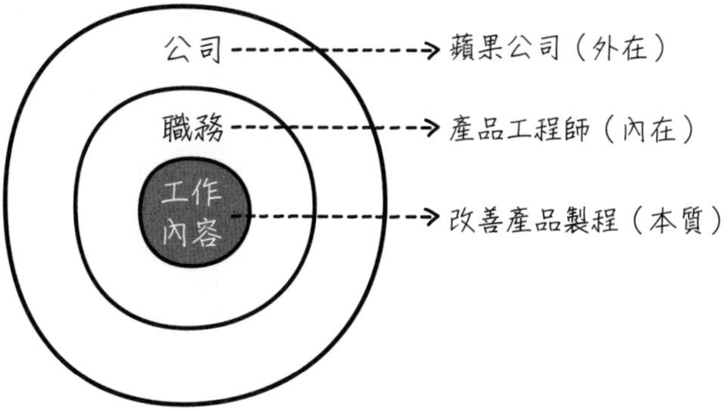

斷追求進步」的人，這份工作就很適合他。

想找到適合自己個性的工作，除了要了解自己的個性，也必須釐清工作內容，清楚這份工作的終極目標，以及為了達成目標，需要不斷重複的「日常行為」有哪些？

沒有認真思考過這些問題，就無法知道自己到底該不該進蘋果公司？適不適合產品工程師這份工作？就像相親時，不可能只看對方的外表，就知道自己跟對方合不合得來，是一樣的道理。先了解自己的個性特質，進一步去思考想做的工作是什麼？再深入去探討工作的內容性質，非常重要。

在本書第五章中，會更具體說明探討工作本質的方法。

07

將個性變成優勢

了解自己，強化個人優勢

有些人認為個性是自己的優勢，以為只要把個性發揮得淋漓盡致，不管是工作還是人生，一切都會很順利。然而，這是錯誤的想法。

就像銅板有正反兩面一樣，個性也有優缺二面。在不同的時間、地點、場合，它可能是強大的優勢，但也可能會是致命傷。

二十一世紀最出色的企業家，同時也是業界公認的天才——史蒂夫．賈伯斯（Steve Jobs），以獨特的領導風格聞名，他用願景帶領員工們完成不可能的任務，訂出絕對無法達成的產品上市時程後，不斷說服大家這是可行的；當時的技術無法做到的事，他用信念鼓舞大家一定做得到。最後，他所帶領的團隊一次又一次打破市場預期，持續推出新產品。

賈伯斯的同事們，把他這種工作的方式和個性稱為「現實扭曲力場（reality distortion field）」。這個名詞源自美國電視影集《星艦迷航記》（*Star Trek*），意指外星人光憑意念就能創造新世界，暗諷賈伯斯獨斷式的行事風格。

賈伯斯的「現實扭曲力場」管理學，雖然替蘋果公司帶來許多創新，但他我行我素的作風，也反應在對員工百般苛刻挑剔、任意解雇員工，甚至背叛朋友和幫助他的人，而這些事也讓他吃了很多苦頭。

並不是要像賈伯斯這樣個性極端的人，才能締造成功的事業。相反的，個性越極端，帶來的傷害也更大。雖然賈伯斯的個性造就了他事業上的成功，但也因為他的個性，引起許多人的不滿與抱怨，最終他從CEO的位置上被趕下來。

就像選擇服裝時必須考慮時間、地點和場合，若能運用得宜會讓自己加分，反之運用不恰當，就會變成缺點。

因此，如果想把自己的個性變成優勢，要知道自己的個性在什麼時候對自己和別人會有正面作用，什麼時候產生負面影響。能夠清楚了解這點的人，即使是平凡的個性特質，也能轉為優勢，反之，不清楚的話，原本會成功的事情，反而可能會搞砸。

了解之後，強化正向個性特質，並轉化個性上的弱點。

善用自己的天賦特質，個性就能成為優勢。在本書第三章的內容中，我將會更詳細介紹如何善加發揮個人的人格特質。

職場筆記

真的有適合自己的工作嗎？

那些猶豫該不該離職的上班族們，經常告訴我：

「現在這份工作好像不適合我。」

「應該還有其他更適合我的工作吧？」

我通常是這麼回答的：

「或許是吧？但其實沒有適不適合的工作，如果知道自己適合的工作方式，

不管任何工作都適合；相反的，如果不知道自己適合的工作方式，任何工作都不

適合。」

大多數的人會誤以為：「這份工作不適合我。」但其實，有可能只是因為目前的「工作方式」不適合自己。

來找我的學員們當中，有些人本來想要轉職，離開目前所待的產業，但當他們明白適合自己的工作方式和環境後，更多人反而是選擇繼續做原本的工作。因此，如果你有「這份工作不適合我」的想法時，應該要思考究竟是工作本身不適合，還是工作方式或環境不適合。

另一項誤解是：「別的工作或許更適合我」。一般我們會把適合自己的工作稱為「天職」，但當我們能用「適合自己的方式」工作時，無論什麼工作都可以是天職。

世界知名足球選手利昂內爾・梅西（Lionel Messi），以足球選手來說，他先天身材條件並不好，被診斷罹患生長激素缺乏症的他，父母沒有能力負擔龐大醫療費用，所以從小身材特別瘦弱，肌肉也萎縮。對他來說，成為足球選手根本是遙不可及的夢想。然而，他明白自己的弱點，善用個子嬌小的身型為優勢，練就一身靈活運球和傳球的本領，如今獲得了能幫他負擔醫療費的贊助商。

在企業進行諮商時，最常碰到的職業偏見，是對業務員的刻板印象：「當業務口才要很好」、「要很會喝酒」、「擅於交際人脈廣闊」、「個性要活潑外向」等等類似這樣的想法。甚至就連在業務部門工作的人，也會有「當業務就必須要這樣」先入為主的偏見。

尤其「擅於交際人脈廣闊」，更是會被特別強調。但在我進行性向分析時，發現這類型的人是少數，即使是資深的業務部長，也有很多人是非天生的業務性格。

以從事同樣的業務工作來看，人脈廣、喜歡和陌生人聊天的業務員，擅長開發潛在客戶，能爭取到更多訂單機會。然而，有些業務員雖然人脈沒這麼廣，但擅於深耕現有客戶，和客戶打好關係，獲得客戶信任，也能提升客戶下單量。這兩種個性的人都能成為優秀的業務，也都很適合業務的工作。

如果管理者不了解個性優勢的差異，一直叮嚀擅於開發新客戶的業務員，要好好深耕和舊客戶的關係，或是不斷催促擅於深耕客戶關係的業務員，努力開發新客戶，質疑他為什麼沒有用心開發新客源、多辦展覽拓展業績。那麼不但不可能提升公司業績，反而會讓這兩種人都認為自己不適合業務工作。

我也是開始創業後，才發現自己有當業務的特質。我原本以為自己絕對不可能當業務，因為打從心底討厭業務舌燦蓮花的特質，認為自己不是這塊料。但自己當老闆後，跟客戶聊天的機會變多了，才發現自己很喜歡為別人介紹適合他們的產品和服務，向他們說明產品和服務的優點，以及能幫助到他們的地方。對從小個性害羞的我來說，難以想像自己會喜歡這樣的工作。雖然和客戶打好關係的銷售模式，對我來說還是很困難，但透過演講、企劃提案，運用論述式說服的方式，我找到屬於自己的銷售模式。

希望正在讀這本書的你，不要因為偏見而畫地自限，侷限了自己未來的職涯方向。先掌握自己的個性傾向，具體了解工作內容本質，摸索出適合自己的工作方式，才不會錯過屬於你的天職。

第3章

不要拚命工作，而是要工作得像自己

01

臉書的優勢管理學

雪柔．桑德伯格為何特別重視「優勢」？

暢銷書《挺身而進》（*Lean In*）的作者雪柔．桑德伯格（Sheryl Sandberg）是臉書的營運長。她在二〇〇一年進入 Google 工作，擔任全球線上銷售暨營運部門副總裁，將原本的四人小組，發展成為四千人的團隊，為 Google 帶來爆炸性成長。

二〇〇八年，她被臉書創辦人馬克．祖克柏（Mark Zuckerberg）挖角。當時，臉書尚未有穩定的獲利模式，身為營運長的她，嘗試在臉書貼文中加入付費廣告觸及項目，此舉果然成功為臉書創造出全新的獲利模式，讓臉書自成立以來，在二〇一〇年首次轉虧為盈。在競爭激烈、以男性為主流的矽谷ＩＴ新創產業中，屢屢締造出卓越成果的她，在接受《紐約時報》專訪時，曾說過以下這段話：

「一個人不需要擅長所有事，我們努力讓所有員工發揮最大優勢。每個人都有優點，充分發揮人才優勢，要替員工打造適合他們的工作，而不是讓他們來配合工作。」

從訪談內容裡，可以看出她充分了解「優勢」的重要性。以下我列出專訪的幾項重點：

1.「每個人無論是想要的、適合的方式都不同」⇓每個人都是獨一無二的。

2.「不管是誰都有各自的優缺點。」⇓一個人不可能擅長所有事。

3.「要讓他們在對的工作崗位上發揮個人優勢」⇓因此必須適才適用。

換句話說，她尊重每位員工的獨特性，認為無論是哪種性格都有優缺點，公司所做的就是盡可能讓每個人發揮所長，塑造正向的工作環境。臉書之所以能成功，是因為他們很清楚要如何幫助每位員工運用自己的性格優勢。這就好比廚師炒菜時，不會拚命添加各種辛香料，這種做法只會導致不管用哪種食材，炒出來味道都會大同小異，好廚師要做的是，盡量去呈現出食物的原味。

事實上，在臉書這家企業中，無論是基層員工或是CEO，都會替所有員工進行優勢評測並公開評測結果。在招募人才時，是在確定錄取後，根據個人性格優勢，決定適合的職位、工作和所屬部門。

為何雪柔．桑德伯格和臉書會如此重視人才優勢呢？

從「人配合工作」到「工作配合人」

雪柔．桑德伯格先前待過Google，而Google這間公司徹底翻轉了矽谷企業文化，為員工打造前所未有的理想工作環境。

餐廳由專業廚師掌廚供應三餐、想睡就睡、想打桌球就打桌球、提供舒壓按摩服務、員工可自由運用百分之二十的工作時間在感興趣的專案上等等，Google打破傳統，塑造了全新的企業文化。

一直以來，傳統企業讓所有員工待在同個地方工作，工作時間一律從早上九點到晚上六點。他們認為讓員工用這樣的方式工作，比較好管理員工，也較容易掌握工作進度。但 Google 卻打破這種偏見，證明即使在自由開放的工作環境下，也能締造輝煌成就，成為企業創新的最佳典範。

親身經歷過這段過程的桑德柏格，體悟更是深刻。她深信讓員工找到適合自己的工作模式，能大幅提升工作績效。身處在男性獨攬大權的矽谷新創企業文化中，她善用自己的長才，創造非凡的成就，打破職場對女性的偏見。正因為自己有過這樣的經驗，她更能體認到讓員工們充分自由發揮，非常重要。

在當時，Google 的企業文化成為社會輿論話題，許多國內企業也跟風引進像這樣開放的企業文化，但大多只學到皮毛而已，本質上並沒有太大改變，因而引來許多批判聲浪。不過，像應用程序性能管理公司 JenniferSoft 從根本上改變創新的企業文化開始出現後，在ＩＴ產業和新創產業中，陸續有類似的公司出現，甚至擴展到其他產業別。

以韓國社群媒體公司 Kakao 來說，它也是以人為本的企業之一。尤其當導入「優勢管理學文化」後，更是致力於讓每位員工發揮自己的特點。Kakao 不以制式化的標準來要求員工，而是希望讓擁有各種不同優點的人才聚在一起，在工作上各自發揮，展現他們的獨特性和專才，締造出豐碩的成果。在他們的工作守則裡，其中有一項就是：「每個人工作方式都不同。」

每個人工作方式都不同，無論是工程師、企劃、業務、設計、男人、女人，我們都是獨立的個體。每個人的溝通方式、處理事情的方法都是不同的，必須清楚認知到這點。……我們相信任何人在找到適合自己的方式工作時，能夠創造出最棒的成果。

這段文字充分體現了重視員工個人優勢的企業文化。此外，在 Kakao 裡沒有職等之分，而是以英文名字互稱，這樣的方式能減少溝通隔閡，讓員工可以坦率地表達意見，以橫向溝通為基礎，建立「信任——衝突——創新」的企業文化，積極打造讓員工可以自由發揮個人優勢的工作環境。

可惜的是，並非所有公司都能幫助員工發掘自己的優勢，只有少數幾間像臉書和 Kakao 這樣的公司才能真正做到適才適用，大部分的公司都還是依循著過往的工作模式。

儘管如此，也不必灰心。

即使公司沒有辦法做到這點，我們也可以自己去發掘。身處在這個時代裡，公司不會明確告訴你該怎麼做，我們可以去找到適合自己的工作方式，學習讓工作變得更有效率。

02

唸圖書館資訊系卻適合當祕書？

明明很努力卻一事無成

在辭職學校中，我遇到許多不同工作者。來找我的人年齡層很廣，職業別也大不相同，從白領到藍領，各種職業階級都有。

即使是一個月每周兩小時的課程，他們還是願意犧牲自己的休息時間來上課。第一次見到他們時，我總會問他們：

「為什麼會想來這裡？」

通常，大部分的人會回答：「跟其他人比起來，我覺得自己好像一事無成，所以想知道自己擅長什麼工作，希望找到能發揮個人優勢的工作。」

通常大家會認為所謂的「優勢」，就是自己擅長的事或優點，但如果只注重「能力或優點」，就看不見自己真正的優勢。

尤其年紀越輕，或是職等越低的社會新鮮人，情況更是嚴重。因為他們才剛工作沒多久，尚未培養出專業技能，和那些工作經驗豐富的前輩們比起來，當然會覺得自己一事無成，好像什麼都不會。

這也跟進公司面試時，是用外在條件來評估人選的制度有關，讓大多數的人無法跳脫制式化的思考。就像前面提到的，能力其實只是一種客觀指標，是以適合自己的方式努力得來的成果，並非天賦優勢。

那麼，所謂的優勢到底是什麼呢？

真正的優勢指的是「能讓自己創造豐碩成果的工作方式」，也就是「適合自己最有效率的工作方式」，這是一種個人潛力，也可以說是天賦優勢。

從工作方式中，找到個人優勢

我的第一個諮詢個案，是一名圖書資訊學系出身二十多歲的女性。通常圖書資訊學系畢業的學生，都希望未來能成為圖書館員。但她在讀大學時，並沒有像其他同學一樣積極參與各種公職考試，或是嘗試挑戰專案規畫，也沒有選修輔系或考證照。

每當有人問她：「妳的優點是什麼？」她都會遲疑很久，不知該如何回答。如果問她：「做什麼工作能發揮妳的優點？」她會直覺式地回答：「資料管理」。她覺得自己沒有特別的才能，也沒有其他專業領域的知識或經驗，認為本科系的工作最適合她。

然而，她最終並沒有當上圖書館員，而是成了一位秘書，但在這份工作中她也充分發揮自己的個人優勢。一個是在「圖書館上班」，另一個在「公司上班」；一個是做「管理書籍的工作」，一個是做「輔助主管處理事務的工作」，這兩份工作的性質天差地別，做出這個決定的她，究竟是如何發揮她的個人優勢呢？

事實上，她的優勢並不是本科系專業，也不是擁有圖書館員證照資格，而是在於「擅於透過思考解決問題」。根據她的性向測驗和職涯分析結果，她做起來最有效率的工作是：「系統性蒐集資訊並進行統整分析」；她最擅長的是：「按照需求整理出對方所需的資料」。

系統性蒐集資訊並進行統整分析
按照需求整理出對方所需的資料 ⇒ 成為圖書館員的優勢

並不是因為她是圖書資訊學系畢業，才具備這樣的「能力」。而是她原本就喜歡嘗試自己解決問題，才會有這樣「生活模式」。也因為這種個性特質，對別人來說乏味無趣的圖書資訊學系及課程，她卻覺得非常有趣。

即使現在的她成為秘書，她的優勢也依然沒變。往後無論她從事何種行業、擔任哪種工作，她的個人優勢並非履歷表上所填寫的專業領域，也並不是因為擁有某種特定知識或技能，而是她擅於系統化整理蒐集各種資訊進行分析，並能依照別人的需求提供對方需要的資料。

像她這樣了解自己強項的人，即使到了陌生領域，或是挑戰更高階任務，相信也都能善用自己的優勢創造出成果。相較之下，那些只懂得拚命累積相關知識或技能的人，一旦離開原本熟悉的領域後，反而會不知道該從何開始而感到徬徨。

不要因為能力沒有特別突出，或履歷不夠漂亮，就感到灰心喪志。也不要為了累積經歷，勉強自己做不喜歡的工作。

不要忘了所謂的優勢，其實就是「屬於我的工作方式」。無論是哪種領域，先找出自己平常工作時，做起來最有效率，並能創造出滿意成果的工作方式後，試著把這套模式運用在各種狀況。優勢並不是侷限於某種特定用途或範圍的學歷或證照，而是不管哪種狀況，都能以屬於自己的方式，發揮工作效率，創造出最大價值。這才是真正的優勢，也是生存競爭力。

03 在缺點中找出優點

想改掉缺點卻連優點也捨棄

如果誤以為優勢就是「專長」，會衍生出另一個問題，就是容易忽略缺點。事實上比起優點，我們更知道自己的缺點是什麼。因為無論是父母還是身邊的人，不管在學校還是職場，通常會習慣以缺點來評價身邊的人，只有改掉缺點後才能獲得更好的評價。因此，我們總認為缺點是不好的，必須改掉才行。

在我們所崇尚的儒家思想中，也提到了為人處事最重要的是要先「修身」，其次才是「齊家」、「治國」、「平天下」。修身時，也得去除缺點，留下優點，才能成為更好的人，這是非常錯誤的想法。

優點和缺點其實是一體兩面，就像銅板的正反兩面是並存的。屏除缺點時，優點也會跟著消失，到最後甚至連自己的個人特質都不見，失去了原本的自己。

缺點的反面是優點

每種藥材根據對象和狀況不同，使用適當劑量時，它可能是藥，也可能是毒。個性也一樣，遇到的對象和狀況不同，缺點可能是優點，優點也可能變成缺點。

「這個人天生就很懶惰。」

很多人都有懶惰和拖延的習性，這個毛病被認為是必須改進的缺點。但你知道嗎？其實很多有才能的人，都有這種拖延的習慣。

像史蒂芬．賈伯斯（Steve Jobs）和比爾．柯林頓（Bill Clinton），他們都有拖延講稿的習慣，到了正式發表演說前一刻還在修改講稿。建築師法蘭克．洛伊．萊特（Frank Lloyd Wright）拖了一年都還沒完成客戶要的設計稿，直到委託人受不了，他才開始著手設計，但最後完成的作品：落水山莊（Fallingwater），被公認為美國史上最美的建築物。

撰寫過影集《新聞急先鋒》（*The Newsroom*）和電影《社群網戰》（*The Social Network*）、《魔球》（*Moneyball*）腳本的美國知名編劇——艾倫・索金（Aaron Sorkin），在某次受訪中，主持人問到關於他的拖稿習慣時，他的回答是：「雖然別人認為我是在拖稿，但我其實是還在構思中。」

實際上，也有科學實驗反駁「拖延即是缺點」這項論述。賓夕法尼亞大學亞當・格蘭特（Adam Grant）教授的研究團隊曾做過一項實驗，讓實驗對象在知道任務的狀態下，刻意讓他們延遲一段時間後再進行任務，結果發現他們創造出來的成果更多元、更有創意。

如果這些人把焦點擺在努力改掉缺點，創作時不是等待靈感出現，而是想辦法拚命趕在期限內完成，或許就無法創造出

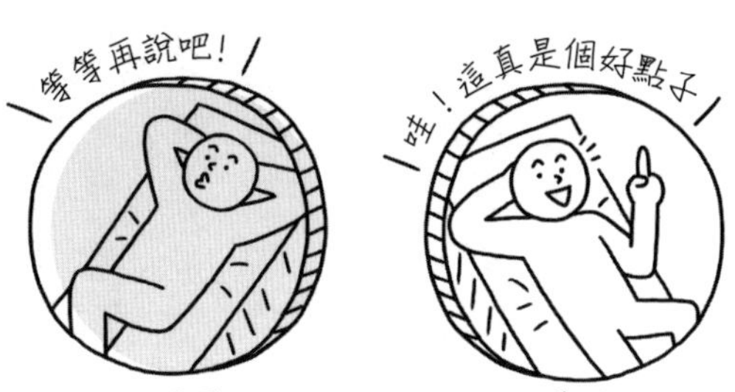

背面　正面

偉大的作品。他們做的並不是去改掉缺點，而是找出讓缺點變成個人優勢的方法。

當然，如果工作期限更為重要時，也不必刻意拖延。誠如前面所說，無論是哪種個性特質，在適當的狀況下運用得宜，缺點也可能變成優勢。但假如當前狀況認為某些特質是缺點時，也不必把缺點全部抹滅掉，這樣一來反而無法扭轉劣勢、善用特質。

生活中可能會遇到某些事情，會因為這個缺點造成損失。但從另一個角度來看，我們在某些事上之所以可以成功，或是站到目前的位置，一部分很可能也是因為懂得把缺點轉化成優勢。

假如認為自己的缺點是：「個性太急太魯莽經常犯錯」或是「性格太內向不適合當主管」等等，可以試著思考如何把這樣的缺點轉化成優勢。

優點和缺點並不是非黑即白兩個極端的存在，沒有絕對的好，也沒有絕對的壞。要接納自己有正面特質，也有負面特質，兩者是並存的。在不同的狀況下，正面特質也可能帶來負面影響，反之亦然。

或許那些看似平凡沒什麼特別的地方，正藏著尚未被發掘的優點。如果不知道自己的優點是什麼，不妨試著從缺點裡找優點，很可能就像童話故事裡的醜小鴨一樣，發現自己原來是隻美麗的天鵝。

把那些曾被別人批評過，或是自認為是缺點的部分寫下來，再想想這些缺點的另一面，可能有哪些隱藏優勢，也把它一併列出來。那些你認為是缺點的部分，在某個地方或是處理某件事情時，反而會是最棒的優勢也說不定。

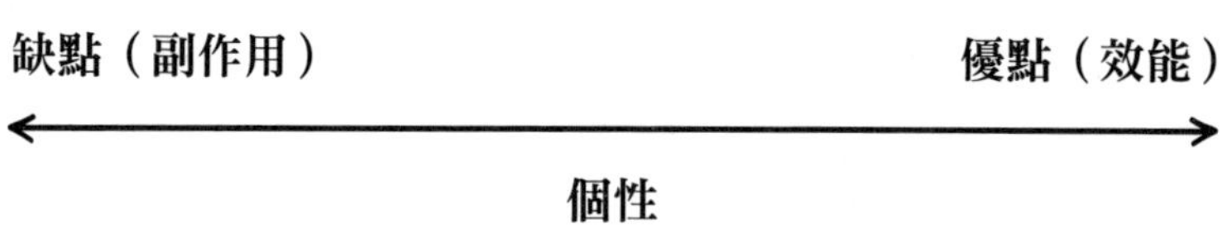

04 我適合這間公司嗎？

適者生存

如果要挑一個最能表達優勢的詞彙，我個人認為應該是「適者生存」。這是我在國中生物課時學到的語詞，在我看來，沒有比這更能如實地展現出何謂優勢？要如何運用優勢？

事實上，很多人都誤會這句話的本意。大部分的人認為所謂的適者生存，指的就是：「汰弱留強」。這根深蒂固的誤解，讓我們不斷被洗腦：為了生存，必須變得更強才行。

一八五九年查爾斯・達爾文（Charles Darwin）於著作《物種起源》（*On the Origin of Species*）中，提到適者生存一詞，這句話英文原文是「survival of the fittest」。直譯的意思是「最適合生存的」。換句話說，是指在特定的環境下，最能適應的個體會被留下，不適應的被淘汰。

曾經是草木蒼鬱的古非洲大陸，在環境變遷後，只剩下高大的樹木。於是，脖子長的長頸鹿活了下來，而脖子短的長頸鹿逐漸被淘汰。長頸鹿並不是因為環境變遷，為了生存競爭脖子才變長，而是長頸鹿脖子長度原本就有長有短，但只有脖子長的長頸鹿能適應環境變化，才得以幸運存活。

因此，正確來說，並非強者才能存活下來。假如非洲沒有沙漠化，脖子長的長頸鹿可能會因為食量比脖子短的長頸鹿大，反而成為被淘汰掉的物種也說不定。

努力和成果不成正比

所謂的個人優勢也是如此，就算拚命讓自己變強，也無法保證一定能成功。每個人與生俱來的天賦優勢，只有在遇到有利的事物或環境，才能在競爭中獲勝，獲得成功。

在《發現優勢》（*StrengthsFinder 2.0*）這本書中，關於無法將優勢在適當的地方發揮這部分，作者舉了魯迪・休廷傑（Rudy Ruettiger）為例。魯迪在二十三歲時，成為聖母大學球隊管理人，一九九三年上映的電影《追夢赤子心》（*RUDY*）便是在描述他的故事。魯迪的身高一百六十七公分、體重七十五公斤，這樣的體型條件，不管是誰來看都不適合參加大學美式足球校隊，但他對足球卻充滿熱情。

他參加三次校隊選拔都落選，但仍不放棄，最後終於如願進入夢寐以求的校隊。然而，進校隊兩年內，他從來沒上場比賽過。直到畢業那年最後一次比賽，隊友們鼓勵他穿上賽服上場比賽。在比賽結束剩下不到幾秒時，他成功攔截敵方的四分衛，為球隊拿下最終的勝利。締造奇蹟時刻成為英雄的他，甚至還被邀請到白宮接受表揚。

這本書的作者唐諾・克里夫頓（Donald O. Clifton）和湯姆・雷斯（Tom Rath）認為魯迪的毅力固然令人佩服，但以結果來看，在經過數千小時的練習，最後只換來在美式足球校際賽中，僅僅幾秒的傑出表現。雖然表面上看起來是「有志者事竟成」，但從另一個角度來看，也可以說是「努力和成果不成正比」。也就是說，魯迪其實不了解自己的優勢是什麼，因此在根本不適合他的地方，付出了過多的心力。

回頭檢視我們目前的工作、所處的行業、環境，是否是那個環境中的「適者」？如果不是，意謂著我們正處在一個不適合自己的地方，浪費時間埋頭拚命苦幹。

「做最像自己的工作，最有效率也能做得最好。」這句話並不是用來安慰人所捏造出來的，而是經過地球歷史見證的理論。

當我們抱怨為什麼一樣這麼努力，成就卻永遠比不上別人時，也許能想想是否是因為那些人他們明白適者生存的道理，找到適合的環境，做適合的工作。

05

優勢就是和別人「不一樣」

別人都在考證照、累積經歷，我該跟著做嗎？

在學校，學生們讀完一樣的教科書內容後，寫一樣的考卷進行考試評比。在這樣的教育體系下，我們用分數來評斷一個人的價值，就算分數一樣，也很難知道誰用了新方法學習，或是誰又找到更有效率的學習方法，或甚至根本不在乎這件事。

那麼，出社會後呢？

社會和學校所使用的評價機制不同，出社會後並不是單純透過分數評估一個人的價值，而是評估這個人擁有哪些「交換價值」？

也就是說，當某人想借用我的能力、知識和服務時，必須付出金錢作為交換。當我的能力越稀有或供不應求時，價格就越高。換句話說，假如「這件事只有我能做到」或是「人力需求高，但人力短缺」時，價值也會跟著水漲船高。

結論是，社會所需要的競爭力、獨特性、創意力，是每個人獨有的「自我風格」，是取決於每個人「不一樣」的地方，並不是在於誰多努力？如果每個人都用一樣的方式，做大家都會的事情，那只會降低自己的價值而已。

做真心想做且擅長的事

在韓國的影視節目中，製作人羅暎錫開創了獨樹一幟的綜藝節目風格。電視評論家李承漢，曾在他的著作《綜藝，誘惑的技術》③這本書中，提到羅暎錫製作人做節目只有一項原則。那就是「不跟隨潮流，做自己想做，並且擅長的事」。

據他所說，在二〇一二年初，羅暎錫製作人轉到 CJ E&M 後，成功推出數個音樂綜藝節目，他在節目中加入競爭生存模式，在當時引起熱烈迴響。

③《綜藝，誘惑的技術》（예능, 유혹의 기술），紙路出版。

但之後一年，他保持低調，再推出了《花漾爺爺》背包旅行綜藝節目。原本觀眾期待的是全新的節目，但卻被認為是像他之前另一個節目《兩天一夜》的翻版，甚至被人懷疑是一種自我抄襲。

但李承漢卻認為，羅暎錫並不是配合時代的潮流改變自己的腳步，而是一直以來都朝自己想要的方向走，堅持做自己想做的事。不管流行趨勢是什麼，他總是秉持著一貫的原則，持續做自己最擅長的、最貼近日常生活的綜藝節目，這也是他能以節目製作人的身分，為自己贏得聲譽的緣故。

羅暎錫製作的節目有幾個共同點，不管是節目內容，還是對工作人員的態度，都可以發現他如實呈現出自身的信念：

第一：掌握製作團隊和表演團隊每個人的特點和個性，百分之百呈現在節目上。

第二：個性不同的表演者們發生衝突時，透過有意義的討論，找出解決方法。

第三：根據每位演出者的優缺點和特質，引發他們的內在動機，進行自我提升。

他不但知道自己最擅長什麼，就連在帶團隊時，也能幫成員們找到各自的優勢，為他們打造適合的環境，盡情發揮所長，展現出一貫風格。這或許就是他之所以能打造出一系列「羅式風格」的綜藝節目，在業界成為頂尖製作人的祕訣吧？

如果認為提升自我競爭力，必須跟別人一樣認真學習，跟別人一樣努力考證照，或是跟別人一樣拚命累積經歷，到頭來反而會覺得更不安，被恐懼淹沒了理智。

雖然在現今社會裡，要做到和別人「不一樣」，需要相當大的勇氣，但如同愛因斯坦所言：「什麼叫瘋子，就是重複做同樣的事情，還期待會出現不同的結果。」和別人做同樣的事情，以同樣的方式競爭，卻期待自己能贏過別人，是同樣的道理。

06

你已經在運用優勢了

每個人都有優勢，只是沒被發現而已

讀到這裡，大家必定心想：「那我的優勢是什麼？我要如何找到我的優勢？」鬥志高昂地想找出自己的優勢固然很好，但即使不這麼做也無妨，因為其實我們已經在運用優勢了。只是我們一直以為優勢指的是「能力」，因此不認為自己有優勢。然而，每個人都有自己的優勢，而且也正在運用中。

但如果想充分發揮的話，並不能一味模仿別人的做法。「平時」先從自己的個性特質中，找到會為自己帶來正面結果的思考方式和行為模式，再從中找出能有效率運用這些特質的方法。在這裡，需注意的關鍵是「平時」。

因為優勢通常可以從平日的生活細節中發現，為了讓大家更容易理解，我舉例來

說明。例如：有的人特別喜歡設定目標，再逐一達成目標，這是「目標達成型」的人。這種類型的人，旅行時喜歡先決定好必去景點和必做事項，把這些全寫下來，完成清單上所有項目後，他們才會覺得不虛此行；即使做瑜珈只是興趣，也會把成為瑜珈教練當成目標，努力考取瑜珈師證照；參加電影節時，也想盡可能看最多部電影。

如果你也是這種個性的人，這樣的特質也一定會反映在工作上。工作時，會習慣把當天待辦事項寫下來，一件一件完成後，會覺得特別有成就感。有許多這種類型的人，把升遷加薪當成工作最大的樂趣與目標，在人生中也會不斷為自己設定下一個階段的目標，努力朝目標前進。

而「重視過程型」的人是另一種相反的類型，他們不在乎旅行中去過哪些地方，對他們來說，能夠融入當地生活，一整天待在咖啡廳看書，或是體驗早上跟當地人一樣搭地鐵到市區上班，就會覺得很開心；比起專攻一種運動，他們更熱衷於從事各類運動；面對工作時也一樣，不認為換過很多工作是缺點，覺得這樣反而能拓展更多經驗。

這類型的人，工作時不喜歡太多設限，只要有新的機會可以累積經驗，他們會毫不猶豫地嘗試挑戰。下班後，就算跟工作沒有直接關係的領域，他們也願意去學習或體驗。比起職場上的升遷，他們更希望能在廣泛的領域中累積各種經驗，當獲得自我成長機會時，會感到更開心。

我們可以藉由觀察自己平時的生活態度、旅行風格、解決問題的方式、感到滿足的時刻、設定目標的方法等看看自己是何種類型的人。

這麼做之後，會赫然發現，自己在工作時運用的方法或訣竅，和平時生活時，有很多相似之處。從日常生活中，留心覺察自己的想法、處理方式、解決方法，以及做決定的行為模式。這套模式就是最適合自己，也是最有效率的方法，同時也是一種性格優勢。

必須要再次重申的是，優勢並不是從做什麼（What）的問句中找到，而是透過如何做（how），以及為何而做（why）來探討。優勢會反映在我們所有的行為、想法

哇！好美的
森林啊！
重視過程型
朝目標前進
往前衝啊！
目標達成型

和情感反應上，同時也已經在生活的各種狀況中，適時幫助我們。

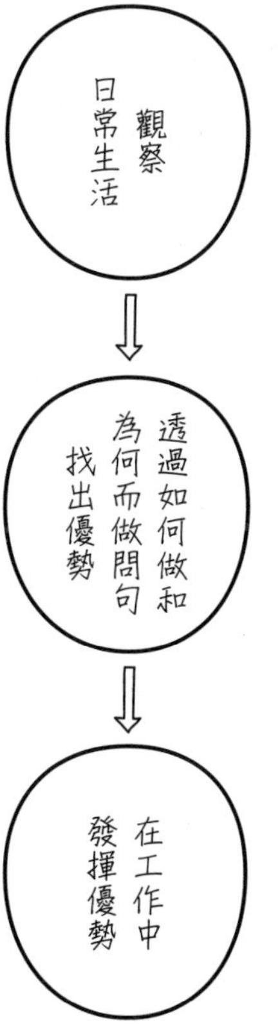

找出自己的優勢，思考如何把這樣的優勢，套用在之後要做的事情上，這就是讓優勢最大化的方法。不必大老遠地到處去找，其實你已經在每天的生活中運用優勢了。

☑ 職場筆記

該選擇擅長的還是喜歡的？

如果問人們：「你擅長什麼？」一般成年人可能會回答擅長外語或數學，或從他們的工作中，找出自己擅長的事，例如：使用 Excel 或上台發表等來回答。很少人的答案會是「自我的興趣」。

然而，當我把這個問題問外國朋友時，他們的回答大多是：「我很會逗別人笑」、「我很會跟狗狗玩」、「我會徒手在黑板上畫出完美的圓形」等等令人出乎意料之外的答案。

提到專長時，更幾乎沒有人會說出那樣的話。當然比起工作和學習，探索興趣相對是比較自由的。因此，大部分的人會從喜歡的事情中找興趣，從擅長的事情中找專長，喜歡的和擅長的領域很難有重疊。

如今有許多上班族，開始會利用閒暇時間去學習木工、烹飪、攝影、跳舞，把興趣培養成專業能力。甚至也有人鼓起勇氣把興趣變成工作，成功轉換跑道，讓周圍的人羨慕不已。對於每天如行屍走肉般通勤的上班族們來說，雖然心裡可能會想：「我是不是該辭掉工作，去做自己想做的事？」但這並不是容易的決定。通常會讓自己越來越苦惱，煩惱著到底是要做「擅長的事」？還是「喜歡的事」？在心裡反覆糾結。

「喜歡的」和「擅長的」，兩者選哪一個才好？和上百位來找我諮商的工作者聊過後，我個人認為是選「喜歡的」。

因為現在大多數二、三十歲的年輕人，在職場上很少有機會可以嘗試不同經驗，因此很難找到自己真正擅長的事。相反的，如果是自己喜歡的事情，即使沒有人催促，也會主動學習並且樂在其中。或許無法短時間看出成效，但經過一段時間，投入心力不斷累積經驗後，喜歡的事也會變成擅長的事。另外，因為是自己選擇的，只要持續努力去做，至少會比被別人使喚的事情做得更好。

要注意的是，不管是擅長的還是喜歡的，不是去想這個領域有哪些工作可以做？要思考的是，這件事和每天重複要做的事，有哪些相關的特質或環境氛圍？不必因為擅長英文，就選擇從事翻譯或口譯工作，也不用因為興趣是烹飪，就決定轉行當廚師。

如果我擅長或喜歡某件事，是因為這件事與我的某種個性特質或優勢有關。那麼我應該思考的是，將這樣的個性特質和優勢，套用在自己感興趣的專業領域時，會有什麼樣的呈現？

例如：究竟是喜歡從親手烹調食物的過程中獲得成就感？還是喜歡為別人做菜時的幸福感受？如果前者是喜歡親手完成某件事，藉此獲得成就感的人，那麼不一定只有在廚房才能獲得這樣的感受。在化學實驗室或建築事務所，也一樣能擁有這樣的體驗。如果是像後者喜歡透過親手做而為別人帶來幸福的人，就算不是透過做菜的方式，在廣告公司也能創造出感動人心的廣告，或是在手作工坊賣親手打造的飾品，也一樣能獲得感動。

必須要清楚知道，哪種性質的工作適合自己？才能在適合的工作領域中，發揮自己的個性特質和優勢。接下來，在第四章中，我會更具體說明這部分。

對那些二、三十年來為了升學就業，拚命努力學習的人，能夠在特定科目或領域上嶄露頭角，是理所當然的事。因為他們很可能除了這個之外，沒有其他擅長的。不過，我想說的是，不要侷限自己的可能性，只做那些自己擅長的事。試著去拓展各種可能，嘗試做一些未來有可能會做得很好的事，或是去學一些你喜歡而且可以持續很久的事。

當然，要把興趣變成事業，需要長時間的累積和努力。不要忘記你現在擅長的事，也是過去多年努力累積下來的成果，做喜歡的事也一樣要認真。但我們有機會可以重新定義工作的意義，這麼做除了能讓自己獲得成就感外，也是世界上最有價值的投資。

第4章

工作得更像自己（一）成為自己的職涯規畫師

01 學習設計生活與工作

為什麼一進公司就變得無力？

馬戲團的大象即使沒被拴在木樁上，也不會逃跑，那是因為象從小就被繩子拴在木樁上。小象的力氣小，不管試過幾次都無法掙脫木樁。因此，就算長大，力氣大得可以輕鬆掙脫，卻連試也不試了。

賓夕法尼亞大學教授馬丁・賽里格曼（Martin E. P. Seligman），是積極心理學的創始人之一，他透過實驗證實了馬戲團大象的例子。他認為，如果一直認為自己無法擺脫痛苦，即便是可以輕鬆跳脫出來的狀況，也不會採取任何行動，這樣的情形稱之為「習得性無助感」（Learned Helplessness）。

為什麼現在的上班族，許多人看起來都跟馬戲團大象的情況相似？監視你一舉一動的公司、每件事都要插手干涉的主管、還有為了薪水和資歷而勉強繼續工作，無力改變現況的自己，不就跟馬戲團的大象一樣嗎？雖然最後「遞出辭呈或換工作」，看起來像是勇敢逃離，但一到新環境後，又開始陷入另一個令人無力的困境。

這種狀況之所以會一再發生，是因為幸福的主導權不在自己手上，甚至還將主導權交給公司或是其他人，當然會覺得做什麼事都很無力。

想要擺脫無力感，必須拿回主導權，做自己的生活規畫師。自己決定「每天想要過的生活」，這是非常重要的。由自己規畫理想中的生活，明確訂定出專屬自己的標準。

人生是主觀的，不是客觀的

每次在職涯探索課程中，提到「成為自己生活規畫師」的觀點時，學員們總是會

一臉茫然地看著我。這時候，我會用「房子」來舉例說明。

如果要蓋一間你自己想住的房子，你希望房子什麼時候蓋好？要蓋在哪裡？房子的外觀是什麼樣的？用什麼材料蓋的？這整棟房子都可以由你自己來設計。規畫自己的生活，跟蓋房子是一樣的。把自己想住的房子必須具備的各種條件列出來，畫成一張設計圖，規畫理想中的生活也是如此，把自己想做的事、想去哪間公司工作逐一寫下來，這個過程就是在描繪自己的生活藍圖。

「我不知道自己想過什麼樣的生活？」

不知道該如何決定自己的生活，認為規畫生活很困難的人，可能是因為你總是習慣由別人為你做決定，從別人客觀的意見中做選擇。

試著想想，你是因為類似下面這些原因，而選擇目前的工作嗎？

- 因為成績好，拿到進大公司的門票。

- 因為英文分數高，所以當英文系教授。
- 因為社會經濟不穩定，所以準備公務員考試。
- 想賺更多錢，所以到銀行工作。
- 因為比較好找工作，所以選擇從事技術性工作。

你是否也像這樣，從客觀選擇題中找答案，而選擇目前的工作？真正的生活規畫，並非客觀的選擇題，而是主觀的申論題。與其從別人挑出來的工作中做選擇，倒不如自己思考「哪種性質的工作最適合我的個性？」唯有如此，才能擁有自己真正想要的生活。

不管哪種衣服都不可能百分百符合我的喜好，也不可能完美地配合我的體型，工作也是一樣。隨著時間的推移，有越來越多人也開始透過主觀申論題的方式，找到屬於自己的工作。

想要找到屬於自己的工作，需要展開下列九個階段的職涯探索旅程。透過這過程，你將能找到適合自己的工作和公司。這趟旅程的名稱是：「我的職涯規畫藍圖」。顧名思義，這是量身訂做，專為個人打造的職涯規畫策略。

我的職涯規畫藍圖

第一階段：確認自己的內在需求，找出我真正想要的是什麼？
第二階段：檢視日常工作項目和比重，分析自己每天都在做哪些事？
第三階段：診斷不想上班的原因，找到不想上班的理由？
第四階段：釐清沒有離職的原因，看見為什麼不離職還繼續待著的關鍵。
第五階段：找出自己的核心優勢，在平凡的履歷中發掘自己的不平凡。
第六階段：檢視目前從事的工作，找出工作的本質。
第七階段：幫自己跟工作「合八字」，思考這份工作真的適合自己嗎？
第八階段：替自己打造理想的工作環境，如這間公司的主管、同事適合我嗎？
第九階段：尋找我的北極星，找到一輩子的志業完整走過這九階段的過程後，就能越來越清楚自己想要的生活樣貌。透過這段過程，可以找到自己真正想要的。想做什麼工作？想在哪種環境下和誰一起共事？想要過什麼樣的生活？未來的工作藍圖就能具體展現在眼前。

如果你到目前為止都還是很茫然，不知該如何規畫職涯方向的話，那就先從規劃生活開始做起，以主觀的角度去分析，再以客觀的數據來佐證。這過程並不容易，來參加職涯探索課程的很多學員們，也都認為不好做。然而，不管是誰，只要完整做完這九階段，都可以找到自己的隱藏價值。請不要放棄，慢慢地，堅持到最後吧！

02

職涯規畫的標準

從我想要的開始

「我真正想要的是什麼？」
「每天生活追求的是什麼？」

想找到適合自己的工作，卻不知道自己真正想要的是什麼？我想，應該沒有比這更棘手的事了。職涯規畫最重要的原則，就是要先知道平常生活、工作、戀愛、做出人生重大決定時，有哪些相同點？換句話說，也就是必須確認自己的「內在需求」。在前面章節中，我們已經透過「發掘個性傾向的問題列表」（第八十六至八十八頁），檢視過自己的內在需求。

例如，假如你的內在需求有以下三點：

1. 想要明確表達自己的想法

2. 喜歡事情在控制中

3. 傾向避免未來可能發生的風險

就表示你一定希望有能明確地表達自己的想法，事情可以在控制中，以及避免可能發生風險的工作。

換句話說，「內在需求」可以說是「找到適合自己工作」的標準。依照這個標準，檢視目前的工作和未來想做的工作。如果符合標準，就表示這份工作和產業可能是適合你的；相反的，如果不是，很可能這份工作會讓你感到痛苦。

試著確認自己有哪些內在需求吧！就像穿衣服時，第一顆扣子得要先扣對，好好的認真思考吧！（請參照第二五六頁，第一階段：確認自己的內在需求）

03 我每天都在做哪些事？

一天八小時重複做的事

雖然我們常把「工作好無聊」、「今天好漫長」這樣的話掛在嘴邊，卻從來沒有明確規畫自己每天上班八小時要做哪些事。透過檢視自己每天做哪些事？花多少時間在這些事情上？可以更了解目前的工作內容。這也是職涯規畫的過程中，不可或缺的重要環節。

方法很簡單，把每天上班到下班前所有要做的工作全部列出來，但先撇除那些偶爾做一次的事項，列出五項幾乎每天都要重複做的工作。接著再算出每項工作各自佔的比重，按照百分比列出。

案例：銀行員的日常工作

從銀行員A先生的例子來看，他每天上班重複做的工作，主要有五項。每項工作的工作比重分配如下：

日常工作	比重（%）
檢查客戶貸款申請表	40
製作審核貸款結果報告	30
接洽客戶	15
查詢客戶貸款現況和次數	10
寄送催繳通知單	5

要注意的是，銀行員A先生的日常工作內容，並不能套用在所有銀行員身上。即使同樣都在銀行上班，A先生每天做的工作，可能跟B先生的完全不同，連工作時間比重分配，也會因人而異。

光是像這樣檢視工作內容和比重，就能客觀地掌握每天的工作內容。假如你喜歡做的工作其實是「客戶接洽」，卻花更多時間在「檢查客戶貸款申請表」上，就可以知道為什麼做那些工作時，會覺得比較不開心？也可以了解有哪些工作流程是可以改善的。（請參考第二五八頁，第二階段：檢視日常工作項目和比重）

04 診斷不想上班的原因

為什麼不想上班呢？

每天早上不想上班的原因是什麼呢？

為什麼每天上班都不開心？

「不想上班的理由，還要問嗎？不就是在公司沒成就感，或是和主管不合。」

一般人通常會以為，自己知道對職場生活不滿意的原因，例如：善變的主管，或是公司環境讓人待不下去，但其實這些都不是真正的答案。

不滿意，就表示尚未獲得滿足。因此，如果想知道自己想要什麼，就必須先知道目前不滿意的部分，是哪些需求尚未獲得滿足？

在銀行負責貸款和融資業務的金敏修先生，無時無刻都被龐大的工作量壓得喘不過氣來。每天機械式處理完上司指示的工作，拖著疲憊的身子下班回家後，就只想發呆或睡覺，他十分厭惡這樣的生活。

「工作實在太多了，再加上動不動上層就有新指令下來，壓力真的很大。」

這是他不想上班的理由。但這真的是他討厭進公司的原因嗎？職涯探索課程中，他找到了自己以下兩項內在需求：

1. **喜歡整理完想法後再告訴他人**
2. **喜歡一切事務在控制中**

以敏修先生的案例來看，他根本沒有時間去理解他所做的工作。他喜歡和同事討論對於工作的想法，然而工作時卻幾乎沒有機會和上司或同事互動，因此目前的工作完全無法滿足他的需求。

再加上，他也無法自由掌握工作優先處理順序，幾乎是工作來了就得做，事情來了就得處理，沒有掌握工作進度的自主權，因此對他來說，每天上班都很痛苦。

敏修不想上班的理由

日常工作	比重（%）	不想上班的理由（以內在需求為標準）
檢查客戶貸款申請表	40	工作量龐大無法自由掌控進度
製作審核貸款結果報告	30	無法表達自己的想法
客戶接洽	15	無
查詢客戶貸款現況和次數	10	無
寄送催繳通知單	5	無

知道理由，就能解決一半的問題

敏修一開始參與課程時，他認為銀行這個環境和核放貸款這份工作並不適合他。因此，想說既然要換工作，乾脆轉換跑道算了。

然而，當他重新檢視自己的內在需求，並針對這些需求進行職涯規畫後，他改變了轉換跑道的想法，決定繼續待在銀行業。但另找工作時，他以內在需求為準則。

最後，他列出來的職涯規畫方向是：

1. 能表達自己想法和意見的工作環境

2. 有充分的時間可以獨立思考、整理想法

現在敏修換到別間銀行，還是跟之前一樣負責核放貸款的工作，但工作內容的比重分配和執行方式，更符合他想要的。

他在進行職涯規畫時，發現自己一開始之所以對金融業感興趣，是因為想要學會掌握金流，想更了解金流運作模式，因此選擇進金融業工作。對喜歡事務在掌控中的敏修來說，金融業很適合他的個性。也因為這濛，原本想離開金融業的敏修，才會改變心意。

當敏修清楚自己想過什麼樣的生活後，現在的他，也努力讓生活更貼近自己的需求。在工作閒暇之餘，他會透過閱讀和運動來整理思緒，也會在早晚找時間靜下心來學習寫作，即使不在上班時間，也一樣努力滿足自己的需求，過想要的生活。

為什麼不想上班呢？

自己對生活有哪些需求？是不是因為工作時都在重複做某件事，因此對當前的工作方式和環境不滿意？

撇除主管或公司環境這些外在因素考量，如果能了解關於自己內在的真實想法，明白內心真正不想上班的原因，問題就已經解決一半了。

試著重新檢視自己不想上班的理由吧！光是透過這樣的過程，就能找到讓職場生活痛苦不堪的元兇。不會再像之前一樣，只是茫然地說：「我好像不適合這份工作（這間公司）」，而是可以更完整具體說出：「我喜歡的工作方式是〇〇〇

（how），但現在每天做〇〇的工作，在〇〇這項工作中，無法依照我喜歡的工作方式來做，因此覺得這份工作（這間公司）不適合我。」（請參考第二六〇頁，第三階段：診斷不想上班的原因）

05 為什麼沒有立刻離職？

無法分手的原因是開始相愛的理由

知道不想上班的原因，和了解為什麼不辭職還繼續待著的理由，一樣重要。

「都已經失去對工作的熱情，甚至也做好辭職的心理準備，為什麼非得要釐清沒有辭職的原因呢？」

就像可以從「不想上班的理由」中，找到自己「尚未被滿足的需求」，我們也可以從「還沒辭職的原因」裡，找到目前這份工作中讓我們喜歡的地方。

在目前的工作中，一定有你很喜歡的地方，所以即

使工作再怎麼不開心，也捨不得說走就走。這表示它滿足了你某部分的需求，而且是非常重要的需求。因此，在進行未來的職涯規畫時，這項需求也會是很重要的關鍵因素，必須納入考量。

金美熙小姐在化妝品公司營運部門中，負責營銷管理的工作。她從學生時期開始，就對化妝品十分感興趣，因而選擇這份工作，她主要的工作內容是負責管理賣場。

透過分析，美熙小姐發現她的內在需求是：

1. 喜歡按部就班依照計畫行事

2. 喜歡透過傾聽找出共識

然而營銷管理的工作，經常會發生許多突發狀況，很多時候無法按照原定計畫進行。

雖然一整天都很努力工作，忙得不可開交，但很多時候原先計畫好的事情，卻無法在既定時程內完成，這讓她感到很挫折。

她說，讓她覺得痛苦的並不只是工作量大，還有這工作對她而言毫無成就感，每天上班像是在浪費生命，很想明天就立刻辭職不幹。

不過，即使是這樣，她也沒有立刻離職，而沒有離職的原因，是因為另一項內在需求——「喜歡透過傾聽找出共識」被滿足了。

工作時，她必須負責和店長、顧客、部門負責人、相關部門、物業管理者等人見面溝通，傾聽他們的意見，幫忙分析解決問題，這是她最喜歡的工作內容之一。

美熙小姐後來在同一間公司中，從營運部門調到採購部門，在新部門裡，她的兩項需求同時獲得滿足。因此，她很滿意現在的工作。

在採購部門裡，她負責的工作項目很明確，依照規定程序確認完庫存後，再針對庫存不足的產品進行採購。可以像這樣按照計畫行事，正是她想要的。

此外，為了確保生產過程順利，她必須定期和供應商討論，一起解決問題，而這點也正巧符合她的需求——「透過傾聽找出共識」。

美熙沒有辭職的原因

日常工作	比重（%）	沒有辭職的原因（以內在需求為標準）
回應及處理店長的要求	50	無
處理賣場客訴	20	可以透過聆聽找到共識解決問題
巡視賣場	10	無
分析業績結果	10	可以按照流程處理工作
寫報告	10	可以按照流程處理工作

沒有辭職肯定有原因

假如美熙認為營銷管理的工作很痛苦，於是決定離開目前這間公司，或乾脆轉換跑道，結果會變得如何？很有可能原本工作中獲得滿足的那部分，也會跟著一併消失。

就像和朋友吵架後，宣布要跟這個人絕交，但過一段時間後，又會想起這位朋友的種種優點。我們之所以會對某些決定猶豫不決，也是因為每個決定都各有優缺點。

與其急於擺脫目前的工作環境，認為只要能離開這裡，不管去哪都好，倒不如試著把對工作「滿意的原因」和「不滿意的原因」列出來後，好好檢視，盡可能保留好的部分，改善不好的地方。

如果你也一樣，明明很想離職，卻一直繼續待著沒有付諸行動，試著去釐清沒有離職的原因吧！但這不是件容易的事，因為心裡已經很想離開了，實在很難思考自己為什麼對這間公司還有留戀？然而，也正是這原因，讓很多人都忘了去思考這個問題。

假如沒有這思考的過程，就直接換下一份工作，目前獲得滿足的部分可能也就消失了。因此，絕對不要犯這種錯誤。即使想換工作，也要找到換了工作後，可以堅持下去的動力。（請參考第二六二頁，第四階段：釐清沒有離職的原因）

06

在平凡的履歷中發掘不平凡

明明很努力卻沒有特別擅長的事？

「我沒有特別厲害的專長。」

「無專精則不能成」，這句耳熟能詳的諺語，其實背後也代表著人們總憂心自己的專業度不足。尤其對資歷尚淺的社會新鮮人，或是剛轉換跑道的工作者來說，會覺得自己跟那些經驗豐富的前輩們比起來，好像沒什麼競爭力，心裡感到很不安。即使面對的是同輩的競爭者，也會忍不住思考自己到底有什麼特別厲害的專長？

李翰洙先生從企管系畢業後，第一份工作就進貿易公司上班，一待就是八年，目前負責顧客管理和外銷貿易的工作。他想離開目前的工作（貿易銷售業），專門經營顧客管理這塊領域。但過去八年來累積的業界資歷，讓他難以輕易放棄。猶豫不決的他，決定參加職涯探索課程找答案。

在這裡，翰洙先生重新檢視他的職場生涯。從他的履歷上，可以看到一直出現的關鍵字是：「建立長期信賴關係」，這也是他一開始選擇進入貿易業的動機。在大學時期，他經常在課堂上聽教授提到：「貿易最重要的就是透過互惠原則（give & take），建立彼此合作關係。」他很認同教授所說的，也因為這句話和他平常待人處事的哲學相符，因此選擇從事貿易工作。

在進入公司後，他曾為了和某間公司合作，非常積極努力。當時，由於那間公司規模很小，翰洙的公司並不是很在意。然而，他看見了小公司的未來潛力，同時也認為應該要跟客戶建立長期信賴關係，雖然當時他只是一個小小的代理，沒有太大的決定權，仍積極說服公司和對方合作簽約。後來，那間小公司成為他們公司最主要的客戶，為公司營收帶來相當大的助益。

堅持，才是真正的核心優勢

翻開翰洙從過去到目前為止的工作履歷，可能會認為他對貿易領域的專業知識或經驗，是他的核心優勢。然而那不過是根據外在條件做出的判斷而已。他真正的優勢在於「待人處事的方式」。能不被得失或權力關係影響，秉持一貫的原則，和對方建立「合作互惠關係」，這才是他真正的核心優勢。

無論從事貿易業，或擔任業務工作，還是跳槽到新公司，做不同產業的工作，這點都是他的優勢。他之所以會進入貿易業工作，也是因為此。

也就是說，核心優勢並不是侷限在某種特定領域或產業的專業能力，而是那個人原本就具備的特質。華麗的履歷表或是優秀的業績，並不代表這個人的核心優勢，想要發掘優勢，得從平凡的履歷中，找出特質。想要確認某項特質是否是自己的核心優勢時，可以試著問自己：

我一直運用這項特質在生活嗎？

你可能會因為網路行銷的工作做了很久，認為這就是自己的核心優勢，請收起這樣的想法吧！如果你不是從國高中時期就開始當直播主，就表示你並不是每天的日常生活，都在運用網路行銷。

換句話說，平常擅長「用淺顯易懂的方式說明困難的觀念」或是「號召力很強」，這些才是所謂的核心優勢。

即使履歷看起來平凡，但「人」是不平凡的。要從看起來跟別人沒什麼兩樣的履歷中，找到自己跟別人不一樣的地方，展現屬於「我」的個人特色。

07 尋找核心優勢

挖掘最深層的核心本質

現在，一起來尋找屬於自己的核心優勢吧！

尋找核心優勢就跟探討個性特質一樣，不能只看表面，而是要去挖掘最深層最核心的本質。如果操之過急，很容易只停留在表面；必須要有充分的時間，好好重新檢視自己從過去到現在的工作經歷，再進行分析。

我從大學三年級開始一直到現在，幫助過許多人分析他們的個性特質，並且找到自己的核心優勢，想要發掘核心優勢，有個最簡單的方法。

有些人即使在公司努力工作了五年、十年或更長時間，也從來不覺得自己有什麼特別厲害的地方。然而，那其實只是因為他們還沒找到核心優勢而已，核心優勢就藏在看似普通的履歷裡。

現在打開你的履歷，開始找尋吧！

首先，逐一列出大學科系專業以及累積到目前為止的所有經驗（資歷）。把自己的內在需求（個性特質）代入到每一項經驗後，再去找出從中可以獲得的工作能力。

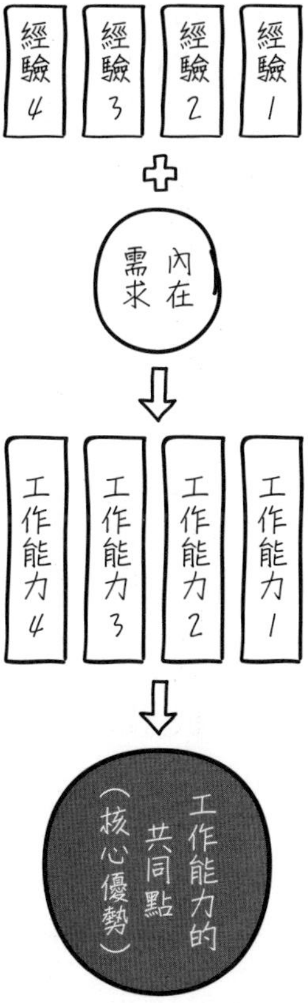

所謂的工作能力不是「學會行銷技巧」、「擅長 EXCEL 操作」，真正的工作能力並不是「工作技能」，而是透過這項經驗，帶來實質上的改變。例如：觀點、提問的方法、工作優先順序、工作處理方式等，這些才是真正的工作能力。

從本章最後一頁「尋找工作能力的問題」中，寫下自己的答案，並試著從履歷中找出自己的工作能力，最後再把這些工作能力的共同點找出來，整理成簡單一句話，那就是你到目前為止尚未發現的核心優勢。

找尋自我的核心優勢

李敏智小姐從建築系畢業後，就進入建築事務所，從事建築設計相關工作。直到最近，她決定轉換跑道，成為一名人資管理講師。若她跟其他人一樣，誤以為專業能力就是核心優勢，那她絕對不可能有勇氣轉職，因為她根本沒有人資的經歷，她所擁有的只有建築設計相關的專業能力。

然而，和敏智聊過後，我發現不管是在建築事務所工作時，還是成為人資管理講師，她的核心優勢都是一樣的。從她的履歷和內在需求來看，可以整理出她的核心優勢如下：

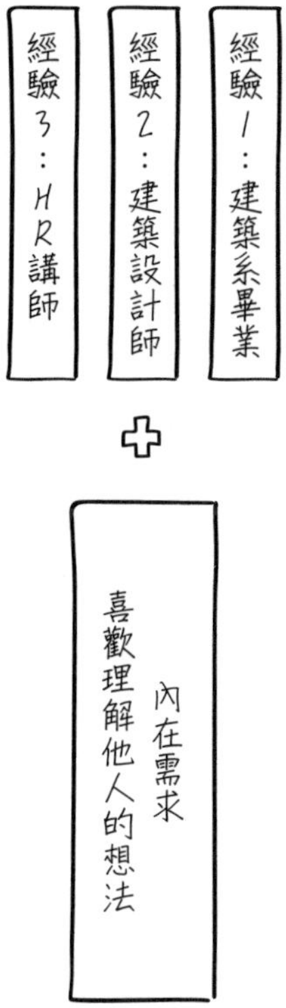

她從這三項經驗中，學到了哪些工作專業能力呢？

敏智就讀建築系時，最常做的事就是向別人介紹自己手繪的設計圖，她從這件事學會了「說服別人的演說技巧以及說故事的能力」。在建築事務所上班後，開始從事建築設計相關工作，她必須迅速掌握客戶喜好，也藉此培養出「分析對方生活風格和需求」的能力。

此外，在設計的過程中，經常會遇到顧客突如其來的請求，或需要修改的項目。因此，平時就要分門別類，把各種靈感儲存起來，當客戶有需求時，可以馬上配合客戶的狀況進行調整變更等隨機應變的能力。這樣的能力，在成為人資管理講師後，更是派上用場。因為擔任人資管理講師，必須「依照學員的反應臨場應對」，根據不同的客戶類型，調整不同的策略方向。

敏智能夠找到專屬於她的工作專業能力，主要是因為她清楚自己的內在需求是「喜歡理解他人的想法」，因此，喜歡觀察別人的思考方式和喜好的她，無論從事建築設計或擔任人資管理講師，關於理解他人這部分所需的能力，都能輕鬆掌握要領。

敏智的核心優勢分析

經驗（履歷）	透過經驗學習到的工作能力	如何滿足內在需求
建築系畢業	説服別人的公眾演説技巧 説故事的能力	理解他人 掌握需求
建築師事務所（建築設計）	分析對方的生活風格和需求 針對客戶突然的變動或請求， 有隨機處理應變的能力	理解他人 掌握需求
HR講師	透過對方的表情和姿勢 猜測對方的滿意度	理解他人

即使其他人和敏智擁有同樣的經歷，但工作專業能力也肯定跟敏智截然不同。因為每個人的內在需求不同，從同樣的經驗中獲得的專業能力也不同。因此，如果認為做同樣的工作，核心優勢也是一樣的，那就大錯特錯了！就像心理學家雖然都是心理系畢業，但並不是所有心理學家的核心優勢都是「讀心術」，是相同的道理。

最後，讓我們一起來檢視敏智的核心優勢吧！從她的經驗中，列出的三項工作專業能力，找出共同特點。

她從不斷說服別人的過程中，學會了「分析對方需求」的能力，這跟她內在需求中「理解他人」的特質相同。此外，從「揣測對方滿意度和隨機應變的能力」，也可以找到「掌握需求」這項共同點。

敏智如何運用這項工作專業能力呢？她可以根據特定狀況和對方需求，隨機應變處理，提供解決對策。

把所有狀況的共同點列出來綜合整理後，可以看出敏智的核心優勢就是：「能夠清楚掌握他人的需求和狀況，並擁有隨機應變處理的能力」。

敏智的內在需求：喜歡理解他人的想法

⇦

運用在工作的專業能力：找出符合他人需求的解決對策

⇦

敏智的核心優勢：能掌握特定狀況或他人需求，具有隨機應變處理的能力

所謂的核心優勢並不是特定領域的知識或技術，而是無論在哪裡都可以派上用場的能力，可以用來解決問題，也可以表達看法意見。就好像各種不同的元素融合在一起，所產生出來的化學反應一樣，請不要忘記從過去到現在所經歷過的所有經驗，都能反映出原本的內在需求，同時也是強化後的結果。（請參照第二六四頁，第五階段：找出自己的核心優勢）

尋找工作能力的問題

- 透過這項經驗，可以獲得哪些新的觀點或改變看待問題的方法？
- 經歷這項經驗後，有哪些實質上的改變？
- 在這項經驗中，會特別注意或加強自己哪些地方？
- 即使目前已經離開這份工作，但它影響了我哪些部分？
- 假如沒有經歷過這項經驗，現在的我會有什麼不同？
- 如果想在這個領域中創造出卓越的成果，必須做好哪些事？
- 你會把努力的重心擺在哪裡？
- 如果要培訓新人做這份工作時，會特別強調工作中的哪個環節？

☑ 職場筆記

規畫職涯後的轉變

我擔任過企業和個人的職涯顧問。在企業進行職涯訓練時，短則幾個月，長則一年。歷經長時間的職涯訓練後，看到學員們轉變後的樣貌以及團隊合作的成果，心中的成就感難以比擬。但針對個人進行職涯規畫時，課程最長也不過一、兩個月，難以得知他們之後的轉變。課程結束約過幾個月後，會有一、兩位學員開始陸續和我聯繫，但大部分都是過了至少一年後才會有消息傳來，有時甚至是過了三、五年，我甚至連名字都記不得了，才有他們的消息。

即使開始展開職涯規畫，憑著個人的意志力和努力，也很難迅速有所改變。

當我關心學員們在課程結束後過得如何時，有些人告訴我，雖然參加課程時，下定決心要工作得更像自己，但回到日常生活後，又開始安於現狀，和現實妥協。事實上，很多人在參加完課程後，還是會跟之前一樣，用薪水、公司知名度等標準作為轉職考量，或因為在意旁人的眼光，繼續待在原本的公司。

儘管如此，對他們來說，還是有些地方改變了。因為深入了解過自己喜歡什麼、追求什麼，便不會像之前一樣人云亦云，會更清楚自己想要什麼，不要什麼。

他們能了解「現在的我」和「我想要成為的樣子」之間的差距，這樣就很不錯了，也會期待他們有進一步的好消息。坦白說，一開始我非常心急，很希望大家都能盡快找到屬於自己的路，看到有些人又故態復萌走回頭路時，心中不免失望惋惜。後來想想，就連身為第三者，是協助者角色的我，都有這樣的感受了，他們本人會有多自責痛苦呢？

回顧我自己的過往，似乎也是如此。當父母、老闆、前輩們給我建議時，我也無法立刻照做。明明知道該怎麼做，卻無法身體力行。因為不確定這麼做是不是對的，害怕失敗、缺乏勇氣，內心充滿了恐懼不安，因此選擇了最簡單的路——什麼都不做。直到幾年後，自己真正付諸行動，才想起當時他們的建議。

這樣繞了一大圈後，才明白這些事其實也無妨，但還是希望正在讀這本書的你，能少走一些冤枉路。很重要的一點是，如果你已經描繪出自己想要的職涯藍圖，盡可能地把它告訴身邊的人。因為一個人在腦海裡想再久，擔憂和不安也不會消失，可以試著把自己想要的生活和職涯規畫，跟朋友、知己，甚至是不認識的人分享。

在百貨公司工作五年多的金敏英小姐，每天都很不想去公司，她打從心底厭惡上班，辭掉工作後她來參加職涯探索課程。她的夢想其實是在濟州島開一間咖啡廳，但每次和親朋好友提起這件事，得到的總是耳提面命的告誡：「女孩子一個人跑到那麼遠的地方幹麼？」、「跟別人一樣結婚生子還比較實際」、「不工作賺錢要靠什麼生活？」聽完這些話後，自己心裡也會感到擔憂。

儘管如此，敏英還是決定鼓起勇氣，前往濟州島，體驗為期二周的濟州島生活。她在出發前，在心裡這樣告訴自己：

「不管別人怎麼說，還是要自己親自體驗過才知道。」

「體驗完兩個禮拜後，就可以知道這樣的生活是不是自己想要的。」

兩個禮拜後，經由在濟州島認識的人介紹，她開始在一間咖啡廳打工。現在的她，是這間咖啡廳的店長，負責經營整間店，也算一圓「在濟州島開咖啡廳」的夢想。如果敏英因為怕父母和好友擔心，再加上自己內心的恐懼不安，沒有鼓起勇氣去做，很有可能繼續行屍走肉般日復一日地上班，每天都因為鬱悶而感到窒息。

在決定做出改變前，心裡難免會感到徬徨，但她沒有因此陷入茫然失措的窘境，而是真的到了濟州島，去拜訪在開咖啡廳的人，以客觀的標準評估這件事。她告訴我，這麼做為她帶來了勇氣，也更確定自己內心的想法。因此，對於不熟悉的陌生領域，我們可以試著多去了解，或許能得到更多協助。

如果你心裡已經有想做的事、想過的生活，試著把這樣的想法告訴別人吧！也許會遇到反對的人、支持你的人，甚至會遇到主動提供資訊或協助的人也不一定。但如果只是自己一直在腦海中空想，很可能過了一兩年後，這些想法和規畫就會消失。在考慮轉職前，先架構好屬於自己的人脈網，幫助自己度過這段混亂期吧！

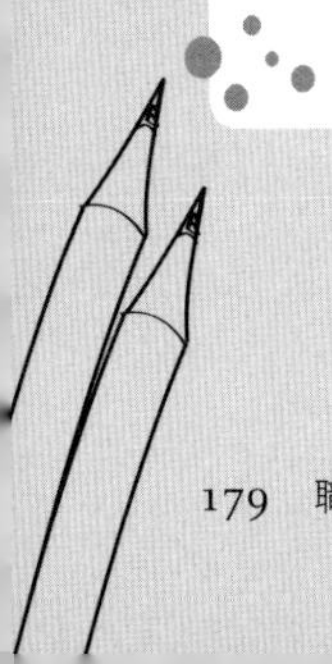

第5章

工作得更像自己（二）尋找適合的工作和公司

01

蘋果是蘋果，橘子是橘子

從本質來區分

每個人都有自己的性格，「工作」和「公司」也有不同的特質。

好不容易發掘自己的個性特質和核心優勢，但從事的工作或所處的公司，卻跟這些毫無關聯時，也無法真正地工作得像自己。

英文有句諺語「蘋果是蘋果，橘子是橘子（comparing apples to oranges）」，意指兩種本質上截然不同的事物無從比較。想找到適合自己的工作，不能只是從表面條件來看，而

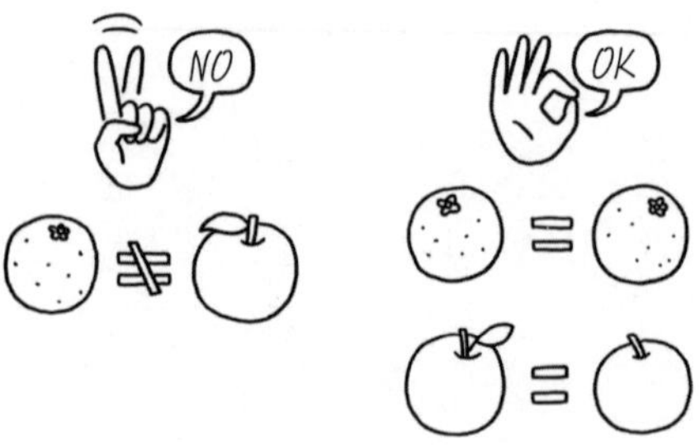

是要從本質上來區分，也就是要先釐清自己的個性特質，是否符合這份工作的本質。

那麼，要如何找到工作的本質呢？

在職涯探索課程中，我最常用的方法，就是運用小學生提問法。每次在課堂上，請大家說說看自己目前工作的本質時，大部分的人都無法確切地說明。不是回答得很抽象，就是用一些官方語言、業界術語。

但透過不斷地提問，用連小學生都能理解的方式，就可以簡單明確地做出定義，找到工作的本質。

以行銷工作為例，行銷這份工作的本質是什麼？首先，行銷這個單字，在字典內的名詞解釋是：

以系統化的宣傳方式，有效率地提供商品或服務給消費者。

像這樣的名詞定義，從字面上的意思來看不太容易理解，也很難掌握這樣的工作和個人特質有什麼關聯，難以得知哪種個性的人，適合從事「有效率地提供商品或服務給消費者」的工作？

要找出工作的本質，必須不斷拋出問題，用連小學生也能理解的方式，盡可能把問題的答案簡單化。

行銷專員：**我在化妝品公司負責「產品行銷工作」**。（第一次嘗試）

提問題者：行銷是什麼？

行銷專員：嗯……**就是告訴別人產品有那些優點**。

提問題者：告訴誰？

行銷專員：**告訴跟大家一樣的消費者，可以說是「找出產品的優點傳達給消費者」的工作**。（第二次嘗試）

提問題者：為什麼要把產品的優點告訴消費者？

行銷專員：**到超市逛街時，各式各樣的產品琳琅滿目，消費者不知道該如何挑選商品，因此由我來幫消費者介紹，也可以說是「把好產品介紹給消費者」的工作吧？**（第三次嘗試）

提問題者：好產品的標準是什麼？

行銷專員：**每個人想要的或需要的都不同，只要這項產品適合他就是好產品。**

提問題者：只要負責介紹就好嗎？為什麼人們必須知道產品的優點是什麼？

行銷專員：**嗯……當人們知道這項產品的優點是什麼，就不會買別的產品，而是會花錢買我介紹的商品。大家買越多我介紹的商品，我才可以領薪水過生活。我想，應該這麼解釋才對，我的工作是「介紹消費者他們可能會喜歡的商品，說服他們買更多。」（第四次嘗試）**

以上對話清楚說明了行銷工作的本質，將上述內容整理如下：

第一：每個人的需求和喜好不同，心目中認為的好產品也不同。因此，行銷就是根據客戶需求和產品特性，在中間扮演媒合角色的工作。

第二：把產品介紹給消費者，是為了創造公司營收。因此，行銷最終的目的，是要讓客戶採取購買行動，產生消費行為。

透過這點來看，行銷工作的本質可以定義如下：

把消費者	可能喜歡的東西	介紹給他，	說服他	多買一點
⇐ who	⇐ what	⇐ how1	⇐ how2	⇐ why

要找出工作的本質，必須先思考「我對這份工作有什麼看法？」（個人的工作哲學及態度）、「我為什麼想做這份工作？」（我的使命）、「無論在過去、現在、未來，這份工作是否和我的人生方向一致？」（方向性、職涯規畫）。這個方法不只適用於職涯規畫，對轉換跑道時撰寫自傳和準備面試，也相當有幫助。

如果身旁有人願意為了你，暫時退化成小學生，不斷問你這些問題時，試著向他簡單說明你目前正在做的工作，以及未來想做的工作。

當然，更好的方法是，實際去找一位小學生，向他說明你正在做的工作。如果他聽完後還是無法理解，絕不是他的理解力有問題，而是表示你沒有找到目前工作真正的本質，必須再深入思考才行。

練習找出工作的本質

有時候人們也可能會誤解工作的本質。當我們用錯誤的想法去定義工作時，很容易會認為表面上在做的事務性工作，就是工作的本質。

正確定義工作本質的方式，應該是區分為「對象是誰」、「做什麼事」、「為何而做」、「如何做」。舉例來說，如果把擔任皮拉提斯（Pilates）教練的工作本質定義為：「教導學員正確的姿勢，幫助他們伸展筋骨」，這就是只看表面在做的事情來描述工作，錯誤解讀這份工作的本質。那麼，要如何找到皮拉提斯教練這份工作的本質呢？

問：什麼樣的皮拉提斯教練才算是好教練呢？

答：即使學員做不到，也不強迫，而是在旁鼓勵予以支持。

問：學員們繳學費花時間來上皮拉提斯課程的原因是什麼？

答：想變漂亮，或因產後、衰老等因素造成身材走樣，想找回窈窕體態。

問：他們為什麼想變漂亮，想恢復窈窕體態？

答：因為希望自己在別人面前更有自信，能獲得別人的好感或認同。

問：學員們認為，皮拉提斯是為了矯正姿勢或維持身體健康的長期投資嗎？

答：不是，他們大部分是希望能在短期內調整體態，想展現出「我也能變漂亮、我可以做到」。

根據以上問題的回答，可以定義出皮拉提斯教練這份工作的本質。

幫助身材走樣的人重新找回對自己身材的自信

how ⇐ **who** ⇐ **why** ⇐ **what** ⇐

試著去找出目前正在從事的工作本質吧！當了解自己的個性特質，掌握工作的本質後，就不會每天像行屍走肉一樣，在公司有氣無力的上班，而是能清楚感受到自己

存在的意義與價值，這才是真正走在通往理想工作的道路上。（請參考第二六六頁，第六階段：檢視目前從事的工作）

02

跟工作合八字

捧著鐵飯碗的老師為什麼也想辭職？

任何人在辭職前都會感到害怕，尤其是想要轉換跑道，挑戰跟之前的經歷毫無相關的工作時，更會惶恐不安。

不知道新環境如何？

未來要和誰一起共事？

每當這時候，我會告訴學員們，先試著描繪那份工作的日常，把換到那間公司後，一天八小時內重複要做的日常工作事項列出來。當這些工作事項性質和個人特質越符合時，對工作的滿意度會提升，也才會覺得做這份工作是有價值的。

以因為工作穩定，成為熱門職業首選的「教師」這行業為例。

不管是剛畢業的社會新鮮人或是已步入職場一陣子的上班族，有不少人都把「老師」當成是就業首選，認為教職是摔不破的鐵飯碗。

然而，即使是這麼多人憧憬的職業，我卻遇到不少老師煩惱著該不該辭職，進而來找我諮詢。

而他們對教職最大的不滿，是「和先前想的完全不一樣」。

因為喜歡小孩和教育工作，認為當老師應該是適合自己的工作，但等到真的當老師後，卻發現和授課時間相比，其他與教育孩子無關的工作項目比重更重。像是寫聯絡簿、回覆家長問題、準備學校校務活動等，不知道原來當老師要做的事這麼多。

工作事項	小學	國中	高中	平均	比重（不含授課時間）
授課時間	20.93	18.33	16.44	18.57	
課程規畫和準備	7.49	7.93	10.09	8.50	導師工作 70.7%
檢查作業和打分數	5.05	4.54	3.83	4.48	
生活教育	5.74	6.24	5.20	5.73	
班級經營活動	4.32	4.82	4.87	4.67	
自我啟發活動	3.25	4.21	4.13	3.86	
教師間溝通與合作	2.35	2.58	2.43	2.45	非導師工作 29.3%
支援校務活動	3.38	3.82	3.59	3.60	
撰寫公文或活動教案	4.84	5.40	4.62	4.95	
其他	2.80	4.00	3.91	3.57	
總計	60.18	61.87	59.11	60.38	100%

（此為韓國教育單位資料）

從上一頁的列表中，以小學老師來看，教學工作時數是「上課時間」（二〇點九三小時）和生活教育（五點七小時），在每周平均上班時間六〇點一八小時內，比重約佔百分之四十四點三。從另一個層面來看，和教學工作本身無關的其他工作佔了百分之五十五點七，比重更重。上了國中、高中後，隨著學生年齡增長，與教學無關的工作的比重更是增加到百分之六十點三和百分之六十三點四。以此為依據，可以列出教師們主要的日常工作和比重為以下五項：

日常工作事項	比重（%）
上課	30
準備：課程準備及作業批改	22
經營：班級經營、校務支援、文書工作	22
輔導：生活教育，自我啟發活動	16
諮詢及其他：教師間溝通與合作、其他	10

從小學老師的日常工作項目和比重看來，可以發現除了上課時間百分之三十以外，其他工作項目的比重佔了百分之七十。即使把生活教育，能和孩子相處的時間也算進去，其他工作項目的比重，還是遠遠高於教學工作。如果單純因為喜歡孩子、喜歡教學工作而成為老師，等真的當了老師後，很可能會感到挫折。

不了解那份職業的日常樣貌，就貿然換工作，是非常危險的事。如果不希望每次換工作時，都犯下同樣的錯誤，就必須放下對工作的幻想或模糊的認知，想辦法調查一天內要做哪些事情，評估這些工作項目是否適合自己。

幫自己和工作合八字

每當有人來找我，抱怨他們的工作「跟想像的不一樣」，或是擔心「萬一換工作後，還是跟現在沒什麼不同時該怎麼辦？」，我通常會請他們試著幫自己和工作合八字，把目前工作和理想工作的適性，透過數據來比較。

像下面圖表一樣，以內在需求為項目，寫下「對目前工作的實際滿意度」和「對理想工作的預期滿意度」，再試著做比較。以滿分五分為標準，「非常滿意」是五分，「非常不滿意」是一分。這個方法我在職涯探索課程中也會用到，但因為受限於無法透過文字和讀者進行雙向溝通，因此這裡列出的是較簡易的版本。

日常工作事項	對目前工作的實際滿意度	對理想工作的預期滿意度
喜歡明確表達自己的想法	2	5
喜歡經營關係掌握大局	1	4
喜歡降低未來可能發生的風險	3	4
總計	6	13

以總分來看，可以看出哪邊的滿意度較高、哪些需求在目前職場中獲得滿足、哪些需求尚未被滿足。在目前工作中，滿意度分數最高的項目，可以說是「目前尚未辭職的理由」，分數較低的項目，也可以視為「不想上班的理由」。

之後每當煩惱著：「我到底適合什麼工作？」、「這份工作之前沒做過，我真的可以做得好嗎？」時，請先試著做這個表。想要什麼都不做就幸運的遇到生命中的「天職」，但那得要運氣很好才行。大多數的人，都還是必須以積極的態度，嘗試探索體驗各種工作後，才有可能找到真正適合自己的工作。就像要用石蕊試紙測試後，才知道物品的酸鹼性一樣，我們也必須用自己的標準，親自體驗後，才知道什麼工作適合自己。

如果真的很渴望找到屬於自己的天職，就必須清楚知道什麼樣的需求和條件獲得滿足後，能讓你活得更像自己。唯有如此，當遇到真正的天職時，你才有辦法發現。否則，即使近在眼前，也可能擦身而過。（請參考第二六八頁，第七階段：幫自己跟工作合八字）

03

如何挑選適合自己的公司和老闆？

這間公司、老闆適合我嗎？

出社會後，處理職場人際關係，跟處理工作一樣困難。跟每天都得碰面的主管起衝突時；遇到明明不是家人，卻要求同事間要跟家人一樣相處的公司時，會讓人一天產生好幾次該不該辭職的念頭。

雖然可以依照自己的個性特質，挑選適合的工作，但工作的環境呢？如果自己本身不是老闆或管理階層，根本不可能改變公司文化。可以忍耐的就留下來，無法忍受的就離開。

為什麼每次都必須抱著碰運氣的心情挑公司呢？難道就沒有事先預防風險的方法嗎？試著用定義內在需求的方式，來訂出「理想工作環境」的標準吧！

首先，把自己當作一間新創公司的老闆，試著從各種不同的角度去思考，具體描繪出公司的整體樣貌：辦公室的位置在哪？建築物外觀如何？室內設計風格？員工們的共同特質？想要打造出什麼樣的工作氛圍？希望外界或同業對公司的評價或企業形象是什麼？

要注意的是，不能因為不喜歡目前或過去待過公司的某部分環境因素，就刻意制定完全相反的標準。因為討厭的相反，不一定是真正喜歡的。例如，不能因為不喜歡太常聚餐的公司文化，認為換到沒有聚餐文化的公司就好。不喜歡聚餐真正的原因，可能是因為覺得下班後沒有自己的私人時間，並不是不想和同事互動往來。像這樣的情況，理想工作環境必備的條件之一，是「工作之餘可以享受下班後的私人時間」。

再來，把自己想像成一家之主，試著描繪家人們要住的房子、另一半和孩子、專屬家庭的休閒模式、文化、溝通方式、氛圍等。已經有家庭的人，也可以試著想像心目中理想的家人是什麼樣子？想對家人發牢騷或想請他們幫忙的事情是什麼？希望孩子出社會後，能秉持什麼樣的原則生活？逐一具體列出。

明明是訂定理想工作環境，為什麼要去想像心目中理想家庭的樣貌呢？因為如果單純從環境因素思考，很容易會以為只要移除目前工作中不喜歡的地方就好，而不是去找自己真正喜歡的。

當不帶偏見去想像自己未來想打造的環境時，才會更接近真正的核心。因此，如果工作環境和家庭這兩個地方，都有共同想要獲得滿足的條件，很可能這才是你理想中的環境。

因為理想的環境，其實包含了「公司」和「家庭」兩者共同的需要，不應侷限在任何一邊，而是要以通用的形式，定義出心目中理想的環境。

錯誤例子：

「開會時，主管不重視團隊成員們意見。」⇓只侷限在公司的限制性定義。

正確例子：

「每個成員都能自由表達意見。」⇓無論是在公司或家庭，所有情況皆能適用的通用定義。

完成以上步驟，列出理想環境的條件後，再針對目前工作環境和未來希望從事的工作環境，進行數據分析比較。這樣一來，就可以知道到底是該留著，還是離開？如果決定離開，也能訂定出明確的標準，來檢視下一間公司。（請參考第二七〇頁，第八階段：設計理想的工作環境）

對理想環境的適性比較

理想環境必備條件要素	對目前工作環境的實際滿意度	對未來工作環境的預期滿意度
自由表達意見的氛圍	2	4
擁有明確目標的團隊	1	3
按照原則行事的規範	4	5
總計	7	12

04

確認轉職計畫

轉職密技①和職場前輩進行面談

「我的轉職計畫是對的嗎？是可行的嗎？」

已經規畫好轉職後的工作和公司環境，但還是對究竟適不適合自己，感到擔憂時該怎麼做？想確認轉職計畫是否可行，最好先和「目前正在從事這份工作的人」或「過去曾做過這份工作的人」聊聊。

為了獲得職場相關情報資訊，可以和職場前輩談談，這和求職時的面談性質完全不同。面談的目的不是為了被錄取，而是因為沒有待過那間公司，真正做過那份工作，希望透過別人的經驗分享，彌補資訊的落差。

有不少人質疑，這樣的方法真的可行嗎？這十年來，我推薦學員運用這個方法檢驗自己的轉職計畫後，從來沒有一次失敗過。反而有很多學員跑來告訴我，這個方法比想像中還要簡單有效，如果沒這麼做可能會後悔。甚至也有一些受訪者，因為在諮詢過程中自己也有所收穫，還反過來向學員們表示感謝。

如果因為害怕而不去嘗試，永遠不會知道成效如何，這是非常可惜的事。在書裡，我介紹了許多檢視工作的方法，不管怎樣，我希望你至少一定要試試看這個方法。

要怎麼找不認識的人進行面談？

邀請對方是你的權利，拒絕是對方的權利。不要擔心對方對你的看法，也不要害怕對方會不會很忙？會不會打擾到他？試著去邀約看看吧！如果他真的很忙，他會拒絕；但如果他很忙，還是想幫你這個忙，自然會找時間回覆你。

另一個不用太過擔心的理由，是因為在這個過程中，並不是只有你單方面有所收穫，很多人在找人進行訪談後，對方反而轉過來道謝。這樣的情形並不是特例，而是是多數人的回饋。

想想看，如果有年輕朋友來找你，對你說：「我也想要像前輩做一樣的工作，但我沒有實際做過那份工作，所以不知道適不適合自己，我可以問你幾個問題嗎？」

有人把你當成學習對象，對你這麼說時，怎麼可能會心情不好？一定也會熱心地分享自己過去曾經犯下的錯誤，讓對方不必再重蹈覆轍，並盡可能幫助他做出明智的判斷吧！這就是對方收到邀請時的心情。

再加上，多數受訪對象因為生活忙碌，沒有時間好好思考自己的職涯規畫。透過這樣的訪談過程，他們有機會重新檢視過去曾經走過的路、目前工作的意義與價值、以及未來想從事的工作。

即使害怕，也務必試著去採訪，以你所嚮往的方式在工作和過生活的人。如果人脈不夠廣，就先從身旁的人開始詢問；倘若連這樣的方式都找不到，也可以透過社群網路、書籍、講座等各種方式，找到聯繫方法後主動出擊。在大學時期，我只要一有機會，就會去拜訪已經出社會工作的職場前輩們。藉由這個過程，我了解了許多原本完全不熟悉或不感興趣的工作。

找職場前輩請益，可能有機會因此被招聘，或是獲得對方賞識提攜，可以說是一舉兩得。以我為例，我曾經因為這麼做，對方為我開立了新的職缺，讓我能進公司做我想做的專案。萬事起頭難，但我敢保證，當你開始嘗試這麼做之後，會越來越得心應手，就像騎四輪車一樣，簡單又有趣。

見面後要問什麼問題？

和對方進行訪談時，如果只是問對方年薪多少？公司福利如何？面試該怎麼準備？那還不如不問。因為這些資訊在網路上很容易就可以找到，不一定只有對方才可以回答。

那麼，到底要問什麼問題才好呢？

假如有機會向職場前輩請益，一定要聊到的是「目前的工作與生活」。就像在前面章節，提到內在需求和理想環境的部分一樣，必須要先知道我所崇拜的職場前輩，他在我最嚮往的環境中上班時，每天有哪些工作要做？典型的日常工作生活如何？

唯有如此，才能掌握這份工作到底在做什麼，藉由更進一步的了解，可以評估這份工作究竟適不適合自己？倘若沒有了這些資訊，之前發掘內在需求和規畫理想環境的部分，也會變得毫無用武之處。

另一個要問的是，受訪對象的個性特質如何？所以才會選擇這行？實際上真正進入這行後，他覺得自己的個性特質，適不適合？

如果對方跟自己的個性特質雷同，我很可能會跟他有類似的感受和反應。相反的，如果對方和我的個性特質截然不同，也可以猜想得到結果會是完全相反。除了工作內容性質之外，還可以詢問他們與工作環境相關的問題。

根據職場前輩們提供的資訊，重新檢視自己的轉職計畫，會比透過盲目想像和猜測的方式，來規畫職涯方向，更迅速、更準確找到適合自己的工作。倘若已經竭盡所能地找人面談，但還是徒勞無功，可以用電子郵件與我聯繫，我真心想幫助你找到職涯的方向。

在本章節最後面，我列出了在和職場前輩們面談時，可以運用的一些問題，包含工作內容、共事的同事與環境、組織和產業別等，以這些問題為基礎，試著再加一些你自己想問的問題。如果你沒有讓你崇拜的職場前輩，不知道該找誰進行訪談，在第二〇八頁的部分，也提供了一些方法，幫助你找到訪談對象。

職場前輩訪談參考題目

關於工作內容

- 平常一天的工作內容有哪些？每項例行性工作的比重是多少？
- 之所以選擇這份工作，是因為覺得自己哪些特質或能力很適合？
- 你認為哪些特質或能力對你是有幫助的？
- 在例行性工作中，做什麼樣的事會讓你最有成就感或最投入？
- 工作時，什麼時候會讓你覺得最痛苦或最煩躁？

關於共事的同事與環境

- 和你一起共事的同事們，有什麼特質？
- 你認為什麼樣的特質或能力對工作最有幫助？
- 這一行裡最成功的業界人士有那些共同特質？
- 在工作中最常和哪個部門或哪些同事互動往來？
- 你認為自己和他們的個性有哪些不同的地方？相處上有沒有遇到什麼困難？

關於組織和產業別

- 中階主管和一般職員的工作日常是怎樣的？
- 公司的信念和價值觀是什麼？處事風格如何？
- 在公司裡獲得賞識的同仁和無法適應的同仁，分別是哪種類型的人？
- 業界對貴公司的評價和看法如何？
- 你認為貴司和同業競爭對象不同的地方是什麼？

該從哪裡找到訪談對象

針對不知道該從哪裡著手尋找訪談對象的人，提供以下三種建議。但這些並不是唯一的途徑，最有效的訪談，還是要直接找到最適合自己的訪談對象。試著透過以下的方式，找出符合自己條件需求的對象吧！跨出第一步後，你所獲得的資訊，品質和深度都會截然不同。

人力銀行網站

有些人力銀行網站會有專業人士的訪談文章，以提供求職者參考，若在文章中有留下聯絡資訊，可主動聯絡或是寫信詢問人力銀行是否方便聯繫，也是一個方法。

全球人脈網

LinkedIn 是全球人脈網，幫助求職者找到理想工作的社群網站平台。可以透過網站上的功能，串聯到朋友的朋友。如果是在專業領域還沒有累積豐富經驗的社會新鮮人，可能比較難用這個方式找到訪談對象。不過，當可以和對方互相交流如資訊、銷售機會等很明確時，這是個很有用的網站。（www.LinkedIn.com）

查看有興趣的公司網站

通常比較有規模的公司，會有一些相關資訊放在公司官網上。透過官網你可以稍微知道員工的日常工作，甚至會有文章、工作分享等。此外，公司官網也會公告一些產業相關資訊，你可以稍微了解到一些專業知識或業界情報。

05

「劈腿」有時是必要的

轉職密技② 劈腿轉職法

判斷轉職計畫是否可行的方法中，我想推薦的第二種方法是「劈腿轉職法」。

提到未來職業，雖然感覺好像還很遙遠，但是在變化週期急遽縮短的現代，曾經被公認穩定的職業，可能一夕間就消失，新的工作類型也越來越多。換工作不再只是單純換公司，而是直接轉換職業別；一人多職的情況也越來越常見。

在工業革命初期大量生產的方式，出現了各種具有專業領域或技術的專職工作，如今像過去李奧納多．達文西（Leonardo da Vinci）一樣，擁有許多不同職業身分的「斜槓青年」，反而成了一種新的趨勢。

近年來，為了預防本業發生無法預期的變化，開始有越來越多人從事副業。尤其像是網路直播、部落客、講師、顧問等這些以個人品牌為基礎的事業，以及提供相關服務的平台，規模也越來越大。

事實上，經營副業是體驗另一個行業最好的測試方法。我自己也一樣同時擁有本業和副業工作，這個方法也是我積極推薦給學員的轉職策略之一。我稱之為「劈腿轉職法」。

因為「劈腿轉職法」是用來確認自己的個性特質和優勢究竟適不適合這份工作，因此不需要收入很高，不過這卻是一個很好的機會，可以用來檢視這個產業的概況和薪資水平。

一開始，可以先從不收錢，貢獻專長的方式開始嘗試。時間上可以先利用周末時間來做，等過一段時間發現有興趣後，再運用下班後的時間，收取小額單次服務費用。等收入慢慢提升後，可以增加投注在這件事上的時間和精力，把它當成是正職或自己額外的事業來經營。

假如一開始本業和副業的時間比重是九比一，可以逐漸增加到八比二、七比三。如果條件允許，可以嘗試擴大到五比五或三比七，最後邁向一比九甚至達到十分，百分之百完全投入，這是最理想的情況。

在戀愛中，劈腿是不對的行為，但在轉職計畫中，卻是相當有用的方法。現在有越來越多個人品牌或一人企業增加，也是因為這個方法可以用來試水溫，因應時代變遷和熱門時事，發展成為自己的事業。在這個事業多角化經營的時代，除了企業之外，個人也要不斷努力充實自己，做好各種準備應對。

06 找到指引方向的北極星

尋找我的終生志業

夢想之所以稱為夢想，正是因為尚未被實現。每個人都需要夢想，即便它可能不會被實現，卻也能引領著我們持續朝對的方向前進，就像北極星一樣。北極星的英文除了「North Star」外，它也被稱為「Pole Star」，「Pole」這個單字的意思是「標竿」，因為無論從哪個方向看，它所在的方向就是正北方。

夢想應該是像北極星一樣，不是「設定目標」，而是「提供方向」。空有目標或規畫卻缺乏方向，當計畫失敗時會感到迷惘，就算目標完成後也一樣。雖然目標達成了，但因為沒有方向，在尋找下一個目標時，很容易會陷入不安或空虛。

我身旁也有這樣的人。我認識的某位前輩，努力了七年多，他人生唯一的目標就是通過司法考試。連續落榜兩次後，他告訴我：「不知道往後該怎麼生活？該做什麼才好？」這麼多年無所事事的生活，讓他心裡很徬徨。

另一位前輩的夢想是進入世界知名投資銀行的紐約總部工作。但達成目標後不到三年就辭職了。他辭職的原因，是因為不知道自己當初為什麼選擇這份職業？不確定這樣的生活是不是自己想要的？離開金融業後，他開始從事和金融業毫不相關的麥片事業。過了十五年，現在的他，比任何人都還要樂在工作，對工作充滿熱情。

這兩個人的差別是什麼？無論是出於本意的也好，或是聽別人的意見也好，當無法完成目標時，「沒有方向的人」內心會感到空虛不安，不知道未來該怎麼走下去。而「有方向的人」雖然暫時還是會徬徨，但即使遇到困難或反對，也不會失去繼續走在自己道路上的勇氣和確信。

我以一位堅持自己方向的人的履歷為例說明。他就是贏得玫瑰大選，韓國第十九屆總統文在寅。

攤開文在寅總統的履歷來看，他大部分做的工作，都不是自己原先就計畫好的，而是為了滿足時代和周圍人的需求。年輕時，他曾擔任人權律師，他說這份工作其實並不是他原本想做的。一開始，是因為幫那些被不合理對待的勞工朋友們發聲，後來自然而然成為人權律師，也因此確認了他的定位。在那之後，他受到盧武鉉前總統的邀請，在執政期間擔任民政首席秘書室室長。在被推派成為總統候選人時，他也曾表明自己沒有意願參與政治，只是因為黨的需求，才決定代表黨出來競選。

人權律師→民政首席秘書室室長→國會議員→總統

這麼看來，文在寅總統難道不是按照個人意願，而是依照別人指示來規畫自己的人生嗎？當然不是。雖然總統這個職位，和他原本夢想中的平靜生活差距很大，也不在他的人生規畫裡，但他一路走來，卻始終堅持著自己的方向和願景前進。

那麼，文在寅總統的願景究竟是什麼？根據他過去的發言來看，我想他的願景應該是「創造一個堅守原則的世界」。這個明確的動機和選擇工作的標準，引領他走上了現在的路。對他來說，法律和政治只是為了創造「堅守原則的世界」時，所運用的工具而已。

文在寅總統的夢想是絕對不可能實現的。因為不管在哪個時代、哪個地方，都一定會發生為了個人利益違反原則的事。但正因為夢想不切實際，他才可以無時無刻把這個夢想當成是北極星，始終如一朝目標前進。

等到他卸下總統一職後，他名字前面冠上的頭銜或職稱可能會一變再變。但這些頭銜和職稱都只是他為了追求自己心目中的價值觀，所運用的方法而已，他追求的核心本質依然不變。也因為這樣，就算他退休後還繼續從事任何工作，也一點都不足為奇，因為他心中的願景，不會改變。

職涯規畫就是人生規畫

如果能像文在寅總統一樣，找到無論何時何地都能成為指引方向的北極星時，就可以跳脫出「之後要做什麼工作過日子？」、「接下來換工作要換到哪裡去？」的問題，找到屬於自己的終生志業。

第二一八頁中，列出的是我自己尋找事業北極星的過程。我曾經做過許多工作，大學時專攻心理系，畢業後從事行銷研究工作，離職後擔任食品公司顧問。在那之後，以個人和企業為對象，提供職涯和企業文化諮詢服務。

大家在當中，可以看到我的履歷，以及我選擇這職業的理由。如果你也想「尋找事業北極星」，可以像這樣寫下自己從過去到現在做過哪些具代表性的職業，檢視自己當時選擇這份工作的動機，接著再從每個動機當中，去找到自己真正的內在需求要素，再把它做串連，找出大方向脈絡後，就可以找到屬於自己的北極星了。

還有一點要特別注意的是，北極星無法用來百分之百完美解釋過去的經驗和選擇。它只是一個整體的大方向，只能說明大概百分之八十左右。職涯規畫其實跟人生規畫是一樣的，希望每個人都能找到屬於自己的北極星，終生矢志不移朝這個方向前進。（請參考第二七二頁，第九階段：尋找我的北極星）

我的北極星

我的經驗（履歷）	我選擇體驗這項經驗的理由（動機）	為何滿足了內在需求
高中無伴奏合唱團	是校內東方人不太參加的社團活動	發掘獨有的特性（自己）
大學專攻心理學	理解各種不同的人性	發掘獨有的特性（他人）
行銷研究工作	理解消費者的需求	發掘獨有的特性（他人）
餐飲業海外事業／顧問	推廣健康的飲食文化（身體健康）	分享觀念
職涯諮商（個人）	發掘個人價值，創造理想生活（心靈健康）	分享觀念 發掘獨有的特性（他人）
企業文化顧問	靈活運用個人價值，組織內部的互動關係（心靈健康）	分享觀念 發掘獨有的特性（他人）

我的內在需求有二：

第一，喜歡發掘獨有的特性。第二，喜歡發現新事物。

因此我的北極星是：發掘自己和他人獨有的特質，並和別人分享對人生有幫助的觀念。

07

確定職涯方向後貫徹到底

轉職密技③創造自己的職涯故事

即使找到自己的北極星（方向），要完全相信「這條就是我要走的路」也不是件容易的事。尤其是身旁的人，也不會輕易放過你。

同事：「聽說你要換工作嗎？放棄累積到現在的工作經驗不覺得很可惜嗎？」

媽媽：「不要把自己搞得這麼累，繼續做熟悉的工作不是很好嗎？」

朋友：「你真的確定這真的是適合你的工作嗎？」

當你一公開你的職涯規畫後，很可能會開始出現許多干擾的聲音來動搖你的信念。雖然有點諷刺，但克服這種不安的最好方法，就是要不斷向身旁的人說明你的規畫，想辦法說服他們。

即使是再好的規畫，當嘗試向別人說明時，馬上就會碰到各種不同的疑問和懷疑，會出現許多意想不到的問題、矛盾和邏輯漏洞。但這是一個重新檢視的過程，一直不斷調整修正，會讓這份規畫的完成度更高。

大學教授們之間，流傳著這樣一句話：「講一小時的課，要花十小時準備。」實際上我自己講課時，備課時間甚至比十小時還要多。因為必須比教課範圍內容知道的多十倍，比授課對象更理解內容多十倍，才能清楚向別人解釋說明。檢視換工作或轉職計畫時，也是一樣的道理。

光靠自己一個人煩惱職涯規畫是否適合，是沒有用的。盡可能向別人分享你的轉職計畫，像是家人、朋友、同事、摯友等，從他們的智慧中，去發現自己沒有注意到的問題，讓職涯規畫變得更嚴謹、更切乎實際，這對你的規畫會有很大的幫助。

那麼，何時可以確定職涯規畫已經是完整的呢？當你可以從過去、現在到未來，把所有工作串聯起來成為一個脈絡，創造一個屬於你自己的職涯故事時，這就表示你的職涯規畫已經完成百分之八十了。然後，當你向別人介紹完之後，每個人都表示認同時，這就是真正完整的屬於你的職涯設計藍圖。

柳時敏的職涯故事

從這個意義上來看，我想介紹一個人職涯故事。他雖然做過很多工作，但他的職涯故事依然維持一貫的脈絡。

在韓國綜藝節目中穿著一身登山服，喝著梨花酒，醉醺醺吟詩談笑的柳時敏④，很多年輕人應該都不知道，他過去曾經是一名政治人物。翻開他過去的履歷，他的職涯之路可以說一點都不平凡，一點也不順遂。他當過：

國會議員↓時事評論家↓政治人物↓保健福祉部部長↓政治人物↓作家／電視節目嘉賓

④柳時敏，韓國學生運動家及政治人物，亦是大學教授。

柳時敏大學時期，熱衷參與對抗維新政權體制的學生運動。在五一八光州民主化運動前一天，他是唯一一位徹夜守護學生會館的人，結果被逮捕並拖到軍隊接受嚴厲拷問。因為擅於辯論，連前輩們都對他敬畏三分，對法律、經濟、社會福祉、歷史等領域具豐富素養，是一位實力深厚的政治人物和行政官。

後來，他成立了改革國民黨，擔任兩屆的國會議員。在從政期間，曾擔任保健福祉部部長，推動相關政策。他曾被視為是在野黨總統候選人的第一首選，事實上他如果真的出來競選，也很有可能會當選，是一位非常具有實力和影響力的政治人物。

然而，他卻在二〇一三年宣布退出政壇，最近也宣布退出黨籍，完全切斷從政之路。明明看起來是跟政治脫不了關係的人，卻選擇和政治劃清界限，實在令人意外不已。

讀到這裡，有做過尋找核心本質練習的讀者們，或許可以猜得出來，他之所以離開政壇，應該有其他理由。

柳時敏的職涯背景相當明確。他很清楚自己的職涯方向，平常也擅於表達，這表示柳時敏非常了解自己的個性特質和內在需求。透過他的言論和行動，可以推斷出柳時敏的北極星是「維護人的尊嚴」，而他在著作《該怎麼生活》⑤一書中也提到此。在他學生時期因為「首爾大私刑事件」接受審判時，提出的抗告理由中也可以看出來：

「首先，被告想明確表示，提出這項上訴的目的，不是為了主張無罪或是想減輕一審宣判的刑責。抗告的目的，單純只是想履行身為人民的權利，這項權利象徵著社會發展進步，以及對人權的重視與落實。」

通常抗告聲明書的內容，主要是主張自己無罪或請求法官從輕量刑。然而，他卻表示自己不是為了證明自己無罪，而是為了聲明反對壓制人權的立場，同時也想藉由聲明書來教育法官和檢察官們。他的目的並不是自己的利益得失，而是維護身為人的尊嚴。

⑤《該怎麼生活》（어떻게 살 것인가），思想之路出版。

考上首爾大學後，他因為不想成為政權的奴隸，沒有進入法學院，而是選擇了商學院。在那之後，為了「維護人的尊嚴」，他開始參加學生運動。看到新聞媒體不重視人權相關議題，於是成為時事評論家，針對各種時事話題做出評論。近年來，影音媒體普及發達，他透過影片介紹歷史和時事，幫助人們理解並進一步思考。

> 政治是和他人攜手，共同實現社會良善與美德的行為。從這點來看，對我而言，從政跟我在二十歲時擔任夜校老師，本質的出發點是一樣的，只是方式不同而已。
>
> ——摘自《該怎麼生活》

從以上這段話可以看出，他雖然從事過各種不同的工作，但秉持著一貫的原則，滿足內在需求並實現自我價值觀。無論是過去從事學生運動、參與政治，或是現在身

為作家和媒體名嘴，甚至是未來的工作，他都會致力於「維護身為人的尊嚴」。

像這樣透過職涯故事的方式，把過去、現在、未來以一貫的脈絡串連在一起時，才能說服別人，自己也能獲得信心。試著將自己的職涯背景串成一個故事，然後不斷地和別人分享你的職涯故事吧！

無論說故事的對象是自己、家人、另一半，還是有機會成為你老闆的人、面試的主管，先把屬於你的職涯故事脈絡整理好，再向他們說明關於你選擇從事這些工作的理由，這麼做是為了讓自己更有信心，能更堅定地走在自己的職涯道路上，而這是必經的過程。

08

朝著本質方向前進

不連貫的職涯故事會帶來麻煩

「只不過是職涯故事而已，有那麼重要嗎？」

如果你也這樣想，下面有一個案例值得你好好思考。因為當職涯故事無法前後連貫時，大家對這個人的信賴度相對也會大打折扣，安哲洙議員就是很好的例子。

很少有人像安哲洙這樣，在職涯上經歷這麼大的波折轉變。一開始，他先是繼承家業當醫生，接著在大學擔任基礎醫學系系主任，隨後設計出電腦掃毒軟體V3，並成立了自己的公司，正式跨足商界成為一名企業家。後來，他又跑到史丹佛大學念MBA，回國後在韓國科學技術院KAIST和首爾大學MBA在職專班任教，後來踏入了政壇。

醫生→醫大教授→企業家→MBA教授→政治人物

如果你在學生時期，對爸媽說：「媽，我當完醫生之後要當教授，當教授一段時間後要開公司當老闆，當完老闆後想踏入政壇。」你覺得爸媽聽完後會說什麼？我想大部分的父母親，應該都會回答：「你好好把一件事專心做好就好！」

假如安哲洙議員把他過去的這段經歷拿來向選民宣傳時，相信多數人聽完後很可能會想：

「好好的教授不當，沒事跑來搞政治幹麼……」

不管是支持他的人還是不支持他的人，聽完他的職涯經歷後都很難不產生這樣的念頭。明明已經是知名教授和優秀企業家了，為什麼偏偏要投入政治？撇開他的政治理念不談，我們先試著從他的職業生涯來進行分析。

雖然安哲洙的履歷看起來毫無連貫性，但分析他的言論和職涯後，我猜安哲洙的北極星應該是「喜歡透過系統化運作模式修理壞掉的東西」。

像醫生是負責修復壞掉的身體；醫學系教授則是指導的角色，讓未來即將成為醫生的醫學系學生們，能透過系統化學習，把自己的工作做得更好；研發電腦掃毒軟體，是為了修理壞掉的電腦；後來成立公司，是希望能以體系運作的方式，修理更多的電腦。

當他自行創業成為企業家後，他發現國內經濟市場對大企業比較有利，對中小企業並不友善。於是，他繼續攻讀ＭＢＡ學位，進而成為ＭＢＡ教授，致力於宣傳企業家精神，希望透過這樣的方式，重新整頓企業環境。

他踏入政壇的理由也一樣，因為他認為當前政治環境有許多需要改善的問題，比起一個人單打獨鬥，他希望透過有系統的方式，為韓國政壇帶來全方位的轉變。

從本質上來看，安哲洙之所以會成為醫師、企業家、政治人物，是基於同樣的理由。把這樣的職涯故事串連在一起，清楚說明他的價值觀和信念，這樣一來，大家是不是會比現在更信任他呢？

雖然在年輕人們的心裡，他可能只是一個過氣的政治人物，但這並不會影響他的信念。因為對他來說，他就是「喜歡透過系統化運作模式修理壞掉的東西」，就算被身旁的人批評或冷嘲熱諷，也不會輕言放棄，因為這就是他的使命。或許有一天，他會離開政壇，以另一個職業身分或方式，繼續用系統化運作模式，來修理那些壞掉的東西。

即使是看起來毫無連貫性的工作履歷，也一定可以從中找出你所追求的一致性原則。無論結果是成功還是失敗，那都是你要走的路，也因為這樣才得以彰顯你的本質、性向以及核心優勢。當你決定踏進全新的工作領域，挑戰跟過去經歷或背景完全沒有任何關聯的工作，卻遭受別人質疑時，不需要慌張，只要充滿自信地向別人說明你的職涯故事，這樣就夠了。

職場筆記

不要和工作談戀愛

「不要和工作或公司談戀愛」這是我經常跟學員們叮嚀的一句話。就像投資股票時，也有人說千萬不要跟股票談戀愛。因為當對投資標的太過執著時，就算虧損增加，也很難遵守規則認賠殺出。

工作也是一樣。很多人因為找不到自己喜歡的工作、沒有進入夢寐以求的公司、無法完成自己的夢想，覺得很痛苦。就像怕告白後被拒絕一樣，既期待又怕受傷害，於是乾脆放棄原本的夢想，轉而尋找其他出路。

每次看到那些對職場生活不滿的學員們，參加完課程後，重新找回對工作的熱情，充滿活力準備迎接挑戰的樣子時，我雖然很開心，但另一方面心情也很忐忑，擔心萬一失敗，他們會對重新拾回的「夢想」感到失望，或是對自己失去信心。

我想說的是，即使計畫不如預期，沒有成功轉換跑道，也不要因此感到絕望或就此放棄。更重要的是，必須持續設法找出具體的解決之道。很少有人一開始就能馬上成功，中間必須經過不斷修正調整，一步一步更接近自己理想中的樣子，最終才能找到適合自己的工作。

因此，不要有「非做這個工作不行」、「非進這間公司不可」的想法，只要目標方向明確，能夠實現目標的方法，就像海邊的沙子一樣多到不可計數。正所謂「條條大路通羅馬」，不管過程中用什麼交通工具、走哪條路，最重要的是能夠到達目的地就好。先從目前現階段的選項中，挑出最符合自己的價值觀和需求的方式，盡全力做到最好；等過一段時間後，選項變比較多時，再試著找出更好的方法。

你可以隨時改變你的目標，改變目標並不代表放棄或失敗，目標並不等於你。但一定要堅持夢想，因為夢想代表著你所追求的價值與信念。無論任何情況，希望你都不要放棄自己。

第 6 章

工作的最終目的是為了幸福

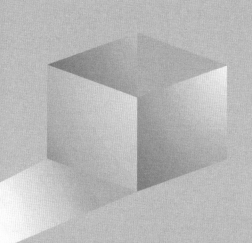

01 讓三百六十個人都變成第一名

堅持走自己的路，人人都是第一名

「天生我才必有用，每個人都有他擅長的事情。當三百六十個人全部朝同一個方向賽跑，不管再怎麼會跑，都還是會有第一名到第三百六十名的區別。然而，如果跑的方向不同，大家各自朝自己想要的方向前進，這三百六十個人很可能每個人都是第一名。不要老想成為Best One，而是要成為Only One。就算再累、再辛苦，也要堅持走自己的路，活出自己的人生！」

這是八十多年來，一路走來堅持走自己路的李御寧⑥老師所說的話。他在接受訪問時，也曾說過以下這段話：

「年輕人最大的錯誤就是認為自己不會老，但年輕人會老，老人會死，不要覺得永遠會有明天，要活在當下，把握今天的此時此刻。年輕時沒有認真生活的人，很可能會覺得：「每天的日子還不都一樣，這樣活下去到底有什麼意義？還不如死了算了。」當你知道自己總有一天會變老，會更懂得珍惜青春；了解死亡的意義，會更明白就算老了也要認真生活。」

李御寧老師這段話的重點有兩個。第一：不要拿現在預支未來，好好把握當下最重要。第二：認真生活並不是用功讀書、考證照或拚命加班，而是好好過自己想要的生活。面對百歲時代的來臨，這才是持續保有競爭力，在自己的人生中贏得第一名的方法。

那麼，要怎麼做才能像他說的一樣，好好過自己想要的生活？答案取決於自己對「生命」的定義，明確訂出「活得像自己」的標準。即使現在沒有具體的計畫或目

⑥ 韓國文學評論家，首爾大學文學博士。曾擔任〈韓國日報〉、〈朝鮮日報〉時事評論委員，現為梨花女子大學榮譽教授。

標，只要了解生命的意義，清楚知道自己的人生方向，總有一天一定會走出屬於自己的路。

不久前，有位學員寫 E-mail 向我表達謝意，一開始找工作時，她只有設定好未來想從事的工作和公司環境的條件，並沒有訂好具體的職業或目標。在上完課程三個月後，她寫信告訴我，她辭掉了原本飯店經理的工作，開始從事音樂事業。從那之後過了將近三年的時間，我很想知道她對自己現在的工作是否滿意？但一方面又很擔心她會不會感到後悔？好一段時間沒連繫後，最近詢問她的近況，幸好她並沒有換工作，而且很喜歡自己目前的工作。

當初她來找我時，已經當了兩年的飯店經理。她告訴我，自己因為喜歡和人群接觸，覺得擔任飯店經理為客戶提供服務，是一件很有意義的事。然而，因為飯店工作必須值夜班，再加上職場人際關係問題，讓她感到身心俱疲。很顯然地，雖然她很喜歡飯店經理這份工作的某些部分（與人接觸），但還是有很多需要克服的障礙。幾經思考後，她認為飯店經理並不是能百分之百發揮她個人優勢的工作。

她從小就喜歡音樂，不光單純喜歡聽音樂，她更喜歡到演唱會現場，和歌手互動感受現場氣氛。在她心裡一直有個願望：「希望將來有一天，自己也能站上舞台，用音樂感動聽眾。即使無法成為歌手，也希望至少能在喜歡的歌手身旁，擔任助理工作。」雖然已經做過許多不同的工作，但這個願望一直都在，她認為這才是她真正想做的事，最後終於下定決心勇於嘗試。

當然過程中她也經歷不少困難，得經常面對「妳主修飯店管理，為什麼想從事音樂相關工作？」、「為什麼飯店經理的工作只做了兩年？」如此犀利的問題。「有必要為了做自己想做的事情這麼痛苦嗎？」、「是不是乾脆繼續做原本飯店的工作比較好？」這樣的念頭也時不時浮現在她腦海。最後她決定轉念，抱著從基層開始學習的心態，重新撰寫履歷。現在的她，在流行音樂節目中從事音樂企劃相關工作。

現在的工作能讓她盡情聆聽自己喜歡的音樂，分析不同歌手的曲風並發表自己的意見，對她來說，是再開心不過的事情了。再加上能夠直接參與音樂唱片製作過程，新歌一推出，馬上就可以搶先聽到，也讓她覺得非常榮幸。

事實上，這是她的第五份工作。雖然年紀輕輕就換了五份工作，很容易會讓人覺得她是一個沒有定性的人，但她並不後悔。

「我不是沒有定性，而是還沒有找到自己真正想做的事情。我認為那段時間對我來說，就是一段自我探索的過程。會覺得自己繞了一大圈，終於還是繞回來了。雖然到目前為止，我也還無法明確回答自己的專長是什麼？但我非常清楚知道自己不喜歡什麼。」

她在信裡面向我提到，她希望能持續累積音樂實力，將來和喜歡的歌手合作，成立一間屬於自己的音樂創作公司。像她這樣忠於自己的生活，成為自己人生路上第一名的人，心路歷程值得讀者們細細閱讀。

起初，參加課程時，我並不是很了解自己的個性特質，當我了解個性特質後，發現不管在哪個地方都能派上用場。

例如，我喜歡以各種方式和人進行交流，喜歡和身旁的人建立良好關係，而且很懂得和不同個性的人相處。這些特質綜合起來，我似乎也很適合在娛樂公司上班。做這份工作的同時，我希望能好好發揮自己的優勢，並且從中獲得學習成長。

了解自己的優勢後，讓我重新體認到：「啊，原來我是這樣的人啊！」雖然掌握個人優勢後，即使待在原本的工作崗位上也很好，但當我更認識自己、愛自己後，對待自己的方式也變得很不一樣。

這對提升自我價值感也真的很有幫助，我是一個很不愛自己的人，但當我了解自己的優勢後，會覺得自己是一個很棒的人，就算是毫無根據的自信心，也能抬頭挺胸勇於面對世界。

很多人談戀愛後，會想刻意討好對方。為了獲得對方的好感，即使討厭的地方也藏在心底不說。明明不喜歡吃義大利麵，為了對方也願意吃；明明不喜歡去網咖，為了對方也跟著去，我曾聽過一句話：

「去找一個能讓你做自己的人談戀愛，不要再演戲了。」

這句話也適用於工作，甚至對於未來的人生也很有幫助。如果你能全然接納自己，了解自己的個性，相信不管去哪裡，別人喜歡的你，就是原本最真實的你。

02 每天慢慢地，朝想要的方向前進

離職最忌諱非黑即白的二分法

對人類來說，最害怕也最痛苦的，或許是面對未知的領域。不熟悉的路、黑漆漆的房間、看不見盡頭的山洞、第一次嘗試的事情、死後的世界……這所有一切的共同點就是，不知道接下來會發生什麼事。當被這樣的恐懼包圍時，我們很容易就會太急著做決定。

正在考慮離職或找工作時，最忌諱的就是心急。即使你努力去避免，但身邊的一些因素卻不會輕易放過你。經濟壓力、對家人和另一半的愧疚感、每天花時間進行職涯探索，卻離自己想要的樣子還很遠、不斷累積擴大的機會成本……等無止盡的煩惱。

然而，如果你被心急打敗，想趕快找到適合自己的工作，很容易會出問題。很可能一投完履歷被錄取後就立刻轉職，或是不想再陷入糾結，乾脆直接選擇年薪最高的工作，再換下一份工作前，至少要痛苦三到五年，或甚至是更長的時間。

建議最好還是放慢腳步，審慎評估選擇。離職後休息幾個月，從上一份工作中汲取經驗和教訓，重新思考未來的職涯方向。很多時候，當自己處在某種情況下，在那個當下會很難做決定，但只要試著稍微跳脫出來，以更客觀的角度看待，無論是對工作還是公司，都會有不一樣的看法。

不要陷入「馬上放棄，立刻和現實妥協」或是「執著一定要找到最適合自己的工作」，像這樣非黑即白兩種極端選項的糾結中，而是要善用目前擁有的資源，逐漸提升自己的職場適應力和工作滿意度。

假如對目前工作只有百分之三十的滿意度，下次換工作時至少提升到百分之四十，再下一份工作進步到百分之五十……像這樣循序漸進的方式，比較容易做得到。如果無法馬上離職，也可以試著在目前工作中，改變一些作法，慢慢調整成適合自己的工作方式也不錯。

比起「下一份工作要做什麼？」短期應該關注的是「要比昨天工作得更像自己」，中長期目標則是放在「清楚掌握未來職涯方向」，這才是真正的關鍵。

當你每天的生活都過得很充實，我保證你一定會找到適合自己的工作和生活方式，這是我親身體驗過的方法，我非常了解它的成效。有許多人也一樣運用這些方法，找到自己的方向，打造專屬於他們的職涯人生。

03 如何克服職業倦怠感？

職涯規畫的不變原則

在經過多次的錯誤嘗試後，你非常滿意目前的工作。這樣是否就不需要再進行職涯規畫了呢？當然不是。職涯規畫是一種生活態度，一輩子都需要積極持續進行，無論對象是誰都一樣。即使工作轉換跑道時，順利找到想要的工作，進入夢寐以求的公司，過了一兩年後，也一樣會遇到職業倦怠期。這時候必須不斷問自己：「我想要什麼？」重新回歸到自己的內心，好好檢視未來的職涯方向。這是職涯規畫時，務必要銘記在心，非常重要的一項原則。

白浩巖先生原本念電腦工程系，後來轉換跑道改念現代藝術，努力自學遠赴法國留學，他是一個只要決定做某件事，就會拚命完成的人。學成歸國後，他投入展覽策畫工作，接連舉辦了〈梵谷畫展〉、〈高更畫展〉、〈皮影展〉等各種知名藝術展覽，他找到了自己真心想做的工作，也可以說是很早就發現自己天賦特質的特例。但儘管如此，他仍不滿意，覺得應該還有更適合自己的領域和工作環境，因此來找我尋求協助。

那時，他從法國藝術大學畢業後，在專門籌辦大型藝術展覽的企劃公司工作了兩年。過去兩年內，他一共策畫了八個大型展覽。然而，他越做越覺得文化藝術企劃這份工作不適合他，和他原本想像的完全不同。他原本以為藝術展覽企劃，應該是要不斷創新且富有創造力，但為了達到商業上的成功，大多數的展覽都是在既定的模式下進行策畫，能發揮創意的地方有限。對他來說，這些展覽變成只是名字不同，但內容卻大同小異。於是，他決定轉換跑道，嘗試挑戰新工作。

一開始，他也吃了不少苦頭。因為不知道自己到底想在哪個領域工作，在網站上到處搜尋。好不容易找到想要的工作，但卻只能從書本和網路上查到這份工作大概的相關資訊。

後來透過職涯探索課程，他把原本在腦海中靠想像描繪出來的工作環境，轉換成具體數據資料，並進一步和有相關工作經驗的前輩面談，了解各種不同職業類別的實際工作內容，運用數據進行分析，轉職之路才變得比較順利。

他目前是行動定位服務HOBB公司負責人，在文化藝術和IT領域創業將近七年的時間。對他來說，這份工作最讓他滿意的，在於可以和來自各種領域的專家聚在一起，分享彼此的意見和觀點，在工作中盡情發揮創意。他認為，即使是在商業領域中，也一樣可以充分發揮創意。像這樣和團隊一起共同創作，是非常好玩有趣的事情。我想和大家分享浩巖先生當時參加課程時，分析自己個性特質的話，大家可以看看這些特質對他目前的工作有什麼影響，相信這對目前遇到職業倦怠期的各位，會有很大的幫助。

我是一個「就算沒有明確目標或策略，也很喜歡四處蒐集資料」的人。事實上，平常我的個性就很喜歡到處網羅各種情報，長時間累積下來的這些知識經驗，對從事藝術創作的工作很有助益。

我的個性，很適合擔任公司的業務工作，因為這份工作必須把各城市不同領域專家們的數位生活資料，蒐集整理成大數據後，再把這些資料運用在事業上。不知不覺中，我的個性和平時習慣，變成了開啟新事業的元素。

我另一項個性特質，是「面對未來的各種可能性，具有豐富的靈感、想像力且充滿希望，並樂於積極改善。」或許也是因為這樣的特質，所以才會覺得創業當老闆是很開心的一件事情，對這份工作樂在其中。對於拓展服務和未來發展的可能性，並不只是靠期待和想像而已，而是把腦海中浮現出來的靈感具體化，每次把它應用在行動定位服務上時，都會讓我很有成就感。

最後一項特質是「擅於在混亂中找到問題，運用不同方案來解決難題。」這項特質讓我在創業遇到各種困難時，可以從容不迫地應對。遇到問題時我不會慌張失措，而是努力想辦法，和同事們一起討論，積極尋找解決方案克服。這對我來說並不是件困難的事情，反而很喜歡。

像這樣把我想要做的工作內容性質和自己的個性特質進行比較分析後，對我有很大的幫助。我認為我之所以能夠樂在工作，是因為找工作時不會執著於專業領域或追求公司名氣，而是會以自己的個性特質作為選工作時的考量標準。

順帶一提，這麼做除了對工作之外，對日常生活規畫也很有幫助。過去那些不經思索的日常生活習慣，可以找到更有效運用及強化的方法，這樣的改變讓我成長很多。

或許是因為這樣的經驗對我很有幫助吧？我非常建議大家多和自己對話。當重新檢視自己的生活後，雖然可能會覺得看起來沒什麼特別的，但一定有持續不斷累積的某種特質，而這些特質究竟是什麼？只能靠自己去挖掘尋找。

就像理想中的伴侶條件，也是只有當事者才最清楚，不是嗎？如果想知道自己渴望什麼樣的生活、想做什麼樣的工作，就必須一直不斷問自己，和自己對話，因為只有自己才知道答案。這是最快也是最正確的方法。

04
工作，是一輩子的事

未來人們工作的時間會變少嗎？

不知從何時開始，追求「工作與生活平衡」成了大家經常掛在嘴邊上的話。事實上，這件事似乎已是現今人們所追求的理想工作條件。而這句話背後的意思，就是希望能夠工作得更像自己，即使薪水領得比較少，不是做人人稱羨的工作也無妨。

然而，我很懷疑在未來的時代，工作與生活平衡是否真的有可能實現？隨著勞基法修法，我國的企業文化真的就能像西方先進國家一樣，達到工作與生活平衡的目標嗎？在第四次產業革命技術發展下，在未來的生活中，人們真的可以重新找回工作與生活的平衡嗎？

很遺憾的，我的答案是「不會」。我認為即使企業文化改革，技術革命創新，人們的工作時間也不會因此減少。當然，我也很希望我的判斷是錯的。

在產業革命初期，雖然用機器可以代替部分的勞動工作，但人們還是一樣有其他的工作要做。為了讓機器能夠日夜不停地運轉，要不斷檢查、維修機器，人們要做的工作反而變更多。在現今這個時代也是一樣，因為電腦和網路的發達，把整個世界串連在一起，工作變得沒有時差，得不停地跟時間賽跑。

就連我在美國，即使在一流城市工作待的是人人稱羨的大企業，也一樣無法做到工作與生活平衡。下班後也還是要在資料庫持續工作，好讓保加利亞的工作團隊收到分析結果後寫成報告，而他們也會在我起床前寄出報告給我，當我收到報告後，再用這份報告繼續開始一天的工作。即便是晚上也會不斷湧進電子郵件，只要看到手機的燈一閃，就好像憂鬱症上身一樣，一回家就開始埋頭滑手機。

雖然很多人擔心人工智慧發達，未來人類可能會沒有工作。但就算工作被科技取代，也可以在原本領域中找到其他工作。因此，我想即使未來發生第四次、第五次產業革命，在資本主義制度沒有改變的情況下，勞動的強度並不會因此改變。

但我認為人們對工作的目的可能會稍微變得不同，我們追求的不再只是生存，而是朝經驗累積的方向前進。也就是說，工作不是為了生活，而是為了獲取新的經驗，這樣的情況會慢慢變得越來越多。

目前食物和生活必需品生產出來的數量，已經遠遠超過人類的需求。在這樣的世界中，如何把從自身經驗中汲取的獨特感受和觀點，融入到提供給他人的產品及服務上，會比東西本身的功能和用途來得更重要，很多產業都已經在這麼做了。

像是社群媒體的龍頭臉書、IG、Youtube，在這樣的社群資訊平台中，除了能分享觀點，同時也是一種娛樂休閒的工具。蘋果在成為手機製造廠商前，其實是一間研發軟硬體設備的公司，宗旨在希望能讓大家輕鬆上傳分享日常生活影片。BMW的企業願景不光只是製造交通工具，而是像品牌標語一樣，希望能提供給消費者極致享受的駕駛體驗（Driving Experience）。

觀察這些企業改革的現象時，可以猜想得到發生在個人身上的改變。透過下班後的休閒活動，人們可以舒緩在工作上遇到的壓力，再把生活融入工作，不像過去一樣，認為工作和生活是完全對立的，更沒有必要為了追求生活理想而放棄工作。個人的生命經驗會為工作帶來素材和靈感，而在工作上創造的成就則會重新回到自己的身上，為生活中帶來新的體驗，成為一種有用的工具或方法。最終會演變成工作和生活相輔相成的正向回饋循環（feedback loop）。

到最後，是否能為別人創造更獨特的體驗，會衍生成為附加的經濟價值。因此，我認為在未來社會中，工作模式會變成是生活融入在工作上，並在過程中獲得自我實現，這樣的轉變在未來將會持續發生。

其實在某種程度上這種變化已經發生了，權力的象徵不再只有金錢或社會地位，取而代之的是點擊觀看次數或訂閱人數，透過這些管道對別人的生活發揮影響力。此外，個人可以分享創意的方式也越來越多元化，像是轉播線上遊戲實況，或是拍美食評論影片，這些人正在創造高達數十萬、數百萬的商機。

即使不是直接面對消費者的工作，不管在哪個產

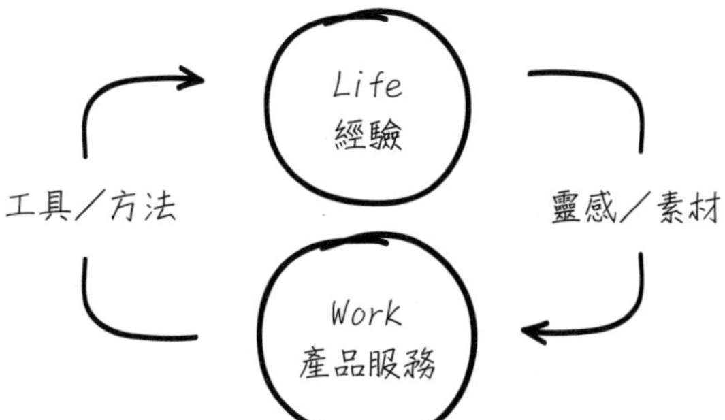

業、做什麼樣的工作，只要是能夠樂在生活的人，相信一定都能在工作上創造成果並獲得滿足。

讓工作與生活結合

那麼，一般普通的上班族又該怎麼做，才能在職場上生存呢？是否需要額外擠出時間參加社團或培養興趣呢？但這麼做，就跟利用上下班空檔時間讀書、上補習班沒什麼兩樣，只是換湯不換藥而已。事實上，近來上班族們間流行的體驗式活動，似乎就是為了彌補生活中欠缺的經驗。

我認為工作與生活真正的平衡，並不是工作和生活對立的概念，也不是消費行為。更合適的說法，應該是「工作和生活結合（把興趣結合工作）」。

過去我們把只對自己關心的某件事或興趣陷入狂熱的人，稱為「御宅族」，甚至嘲笑他們是「○○控」，如今「○○控」卻變得很受歡迎。像是咖啡控、遊戲控、美食控、旅行控、電影控等。我想這些被稱為是「○○控」的人，未來或許會變成某個領域的專業達人也說不定。

並不是要我們在工作時間沒有減少的限制下，去追求工作以外的生活，而是打破工作和生活的界限，讓工作本身變成是自己追求的生活。當然，如果興趣變成工作，或許就沒這麼有趣，甚至可能更痛苦。

就連我也一樣，把原本的興趣變成現在的工作後，這幾年工作下來，都覺得自己壽命短了好多年。雖然這並非本意，但一工作起來就像是不折不扣的工作狂，因為我把工作當成是興趣在做。

不過，我認為比起一天八小時，做自己完全沒興趣的工作，只能趁下班後一兩個小時，享受生活樂趣；能夠像這樣在工作時做自己有興趣的事，即使痛苦也會覺得這八小時過得很充實，這樣不是更好嗎？

在資本主義體制下，如果每個人都必須要付出勞力賺錢工作，我會建議至少要找到自己在工作時的樂趣和價值，這才是真正的工作與生活平衡。不是以時間比重來衡量工作與生活的平衡，而是追求心靈上的平衡。

但我絕對不是鼓勵大家現在立刻把興趣變成工作，我也知道不是每個人都能輕易做到把興趣當工作做。然而，就像我在書裡面一直提到的，我希望大家不要放棄尋找自己真正追求的生活方式和價值，努力去找到符合自己理念的工作和公司，並持續朝這個方向邁進。因為這麼做，就算不能讓你在經濟上、時間上無憂無慮，過著含金湯匙、銀湯匙般的生活，卻可以讓每個人都能達到工作與生活的平衡。

在這個時代裡，每個人都應該要過這樣的生活。

附錄

找到適合自己工作的方法

▼第一階段

確認自己的內在需求

我真正想要的是什麼？

找到內在需求，是我們一直以來的追求。觀察自己在工作、生活、戀愛時，會怎麼做？並深入探討為什麼這麼做？找出共同模式後，就能找到自己的內在需求。

透過這個過程，可以了解自己做什麼事會感到特別開心。在「找到適合自己的職涯規畫方法」的所有階段裡，都會運用內在需求做為評估標準，因此好好觀察自己的生活，定義出自己的內在需求吧！

在「發掘個性傾向的問題列表」中，挑選可以定義出自己需求的問題，把每個問題對應的答案寫下來。接著，再從「為什麼」和「如何」答案的共同點，定義出三種內在需求後，以主動式型態寫下「我喜歡……」。

對理想中的環境進行適性比較

問題	做什麼	如何（做）	為什麼
休息時，通常喜歡做什麼？	按摩、泡溫泉	在人煙稀少的清晨	可以在**短時間**內迅速有效消除疲勞
喜歡哪種運動或休閒活動？	騎腳踏車、慢跑	獨自在附近的公園	運動完後可以**趕快**回家
共通點（個性傾向）	1. 我喜歡有效運用資源 2. 我喜歡____ 3. 我喜歡____		

✔ SELF CHECK

▼第二階段

檢視日常工作項目和比重

我每天都在做哪些事？

把每天從開始上班後到下班前，要做的所有工作項目列出來。要注意的是，偶爾做一次的工作先不列，而是要列出五項幾乎每天都要重複做的工作。

接著，以百分率分配每項工作各自估的比重。透過這樣的方式，就能客觀的檢視自己目前工作的性質和內容。

日常工作項目與比重

日常工作	比重（%）
檢查客戶貸款申請表	40
製作審核貸款結果報告	30
接洽客戶	15

SELF CHECK

▼第三階段

診斷不想上班的原因

我為什麼不想上班？

不想上班的理由，可以讓我們藉此檢視對目前工作有什麼樣的不滿？自己的哪些需求尚未被滿足？光是覺得「這份工作不適合我」是不夠的。必須要清楚知道「因為〇〇〇的原因，我覺得這份工作不適合我，我想要用〇〇〇的方式工作，但在這份工作卻無法這麼做。」。

這裡的重點並不是寫下「不想上班的理由」就好，而是要從第一階段定義出來的「內在需求」更進一步觀察，檢視到底是哪種需求沒被滿足到？

檢視不想上班的理由

日常工作	比重（%）	不想上班的理由（以內在需求為標準）
檢查客戶貸款申請表	40	工作量龐大無法自由掌控進度
製作審核貸款結果報告	30	無法表達自己的想法

☑ SELF CHECK

▼第四階段

釐清沒有離職的原因

為什麼不離職還繼續待著？

從「不想上班的理由」，找到自己「尚未被滿足的需求」後，從「沒有辭職的理由」中，也可以知道自己目前哪些內在需求已被滿足？假如因為這樣而遲遲沒有離職，那麼這個需求在下一份工作中，也會是決定對這份工作是否滿意的重要關鍵。

如果因為對目前的工作或公司不滿意，就認為「在這間公司裡不可能找到讓自己滿意的地方」，在轉職過程中，很可能會錯過自己內心渴望的需求。即使是再小的需求，都必須要好好分析出自己對這份工作滿意的地方有哪些？並在未來的工作中，盡可能繼續努力維持下去。

釐清沒有辭職的理由

日常工作	比重（%）	沒有辭職的原因（以內在需求為標準）
回應及處理店長的要求	50	無
處理賣場客訴	20	可以透過聆聽找到共識解決問題

SELF CHECK

▼第五階段

找出自己的核心優勢

在平凡的履歷中發掘自己的不平凡

把從大學就讀的科系、打工經驗、實習項目、志工活動，以及到目前為止所有值得紀錄下來的經歷，全部列下來。接著，檢視哪些項目符合自己的內在需求？找出透過這些經驗中，學到哪些工作專業能力？

所謂工作專業能力，並不是類似 EXCEL 操作技巧或是演說能力等工作技能。而是指透過這項經驗，「真正」學到什麼？對我造成什麼樣的改變？例如，如果工作項目是負責向客戶說明產品，那麼學到的專業能力並非只是「表達能力很好」而已，而是「擅於說服別人」，必須從本質上的角度來定義。從本質上來定義時，不只在工作上，即使在旅行或待人處事上等工作以外的日常生活中，都能運用這項核心優勢。最後再從各種經驗學到的工作能力中，找出共同點，這就是專屬你的核心優勢。

找出核心優勢

經驗（履歷）	透過經驗學習到的工作能力	如何滿足內在需求
建築系畢業	説服別人的公眾演説技巧 説故事的能力	理解他人 掌握需求
建築系畢業（建築設計）	分析對方的生活風格和需求針對客戶突然的變動或請求，有隨機處理應變的能力	理解他人 掌握需求

SELF CHECK

我的內在需求

如何運用工作專業能力？

我的核心優勢

▼第六階段

檢視目前從事的工作

找出工作的本質

就像每個人都有自己的個性一樣，不同的工作也有不同的特質。如果想知道自己適不適合這份工作，就必須了解「自己的個性」和「工作的本質」。

要找出工作的本質，必須透過像問小學生問題的方式，讓答案簡單明瞭且容易說明。通常我會請來參加課程的學員們，找一個對象，然後想像自己是小學生後，不斷問對方在做什麼工作，以幫助他用最簡單明確的答案找到目前從事的工作本質。如果沒有對象可以協助，我建議大家可以在腦中設定一位小學生，來對自己進行提問。

不管設定的對象是自己的小孩，還是鄰居家的小孩。試著用最容易了解的方式，向他們說明自己的工作。重點是要透過這個方式，來了解自己的個性和工作本質是否合適？

用問題找出工作的本質

Q 請問你從事什麼工作？

A ……

Q 那份工作是在做什麼？

A ……

Q 我聽不太懂，可以再說的簡單一點嗎？

A ……

Q 為什麼一定要做這些事？這些是必要的工作嗎？

A ……

Q 可以用一句話來說明這份工作是做什麼的嗎？（四個w位置可調整）。

A ……（who）／……（what）／……（why）／……（how）

☑ SELF CHECK

▼第七階段

幫自己跟工作「合八字」

這份工作真的適合我嗎？

好不容易進到夢寐以求的公司工作，但往往現實與想像不符。為了減少這樣的失落，試著以客觀的分數來評估目前工作和未來理想工作的適性。

以滿分五分為標準，「非常滿意」是五分，「非常不滿意」是一分。藉由這個方式檢視目前工作中哪些需求已被滿足？對未來理想工作哪些地方可能是滿意的？哪些可能不大滿意？透過像這樣詳細檢視的方式進行評估比較。

工作適性比較

我的內在需求	對目前工作的實際滿意度	對理想工作的預期滿意度
喜歡明確表達自己的想法	2	5
總計		

SELF CHECK

▼第八階段

設計理想的工作環境

這間公司的主管、同事適合我嗎？

就像設計自己理想的生活一樣，試著設計理想的工作環境，想像自己是公司的老闆，假如一切從零開始，你想要打造什麼樣的公司？具體描繪心中理想公司的樣貌。要注意的是，不能因為不喜歡目前或過去待過公司的某部分因素，就刻意制定完全相反的標準。因為討厭的相反，通常不一定是真正喜歡的。閉上眼睛後，以平靜的心情，試著描繪出自己理想中的環境氛圍。不僅僅只是公司，也可以用在家庭或社區，想像自己喜歡待在什麼樣的環境中？

設定出理想中的環境後，再針對各個項目來評估對目前工作環境的滿意度，以及對未來理想工作的環境預期滿意度，同前以滿分五分為標準。

對理想環境的適性比較

理想環境必備條件要素	對目前工作環境的實際滿意度	對未來工作環境的預期滿意度
自由表達意見的氛圍	2	4
總計		

SELF CHECK

▼第九階段

尋找我的北極星

找到一輩子的志業

夢想並不是目標，而是方向。空有目標規畫，如果沒有方向，也很容易失敗。就算達成目標，也可能會因為不知道接下來要做什麼而感到徬徨。現在這個年代，時代變遷太快，光是要想像未來一年的變化都很難。因此，擁有方向更是重要。

把自己最具代表性的工作經驗一一寫下來。接著，在後面寫上為何選擇這份工作的理由？它滿足了自己哪些內在需求？找到動機後，再從中歸納整理出整體脈絡方向，這個方向就是自己的北極星。

尋找我的北極星

我的經驗（履歷）	我選擇體驗這項經驗的理由（動機）	為何滿足了內在需求
大學專攻心理學	理解各種不同的人性	發掘他人獨有的特性
行銷研究工作	理解消費者的需求	發掘他人獨有的特性
餐飲業海外事業／顧問	推廣健康的飲食文化（身體健康）	分享觀念

SELF CHECK

我的北極星（人生主軸）：

發掘自己和他人獨有的特質，並和別人分享對人生有幫助的觀念

跋

就讓自己隨心所欲地去試吧

不知不覺到了這本書的尾聲了。

從二〇〇一年開始，我幫自己和好友規畫職涯方向，到後來開設職涯探索課程，在課程中認識了很多人。我試著用系統化的方式，把上課的內容整理出來，盡可能完整地呈現在書裡。雖然透過書本，無法像在上課一樣直接面對面互動，但不管是在書裡也好，課程上也好，我想要傳達的訊息都是一樣的。

「多去嘗試吧！」

我希望正在讀這本書的你，能夠盡量去嘗試。只有盡可能多去嘗試，才能了解自己是什麼樣的人？想做什麼？適合做什麼樣的工作？這是發掘內在需求的最好方法，同時也能幫助自己了解自身的個性特質，進一步把個性變成優勢。

很多人不知道要如何傾聽自己的內在聲音，更不知道要如何找到自己的內在需求。問他們：「最讓你感到開心的是什麼時候？」居然連最後一次開心的時刻都想不起來。看到他們這個樣子，我突然覺得「原來連隨心所欲做自己開心的事情，也是需要練習的，那麼盡可能多去嘗試，或許是最好的練習。」

「我喜歡什麼」、「討厭什麼」、「做什麼事情的時候會覺得很有意義」、「和誰在一起時會感到幸福」、「我想成為什麼樣的人」、「希望自己在別人眼中是什麼樣子」……這些問題的答案並不在遠處，更不是要學習心理學或哲學才能了解。

自己才是最了解自己的人。不管是專家或算命師，沒有人可以進到你的腦海裡，知道你在想什麼。無論是再怎麼親近的朋友或家人，都不可能時時刻刻和他們在一起，唯一能做到這一點的人，就只有「自己」。

因此，不要拚命向外尋求答案。

闔上書本，放下手機，試著去做一件自己真的很想做的事情，哪怕是再小的事情都好。旅行時，不是去另一半想去的地方，而是到自己一直以來想去的地方；不是迎合朋友的興趣，朋友做什麼就跟著做，而是嘗試去做自己很想做的事情，藉此發掘自己的興趣。暫時關掉盯著不放的電視、遊戲和網路，試著找到屬於「自己的樂趣」。

在這裡，我要謝謝從小就對我說：「當個清道夫也沒關係，只要做你喜歡做的事情就好。」對我採取放養教育，給我很多機會探索自我的父母；還有要謝謝連我像小孩子一樣幼稚的一面都予以深愛包容，一直不斷支持守護我的靈魂伴侶我的太太；謝謝尤勝三老師給我機會，讓我可以把原本當作興趣在做的事情，變成系統化的教育課程，透過職涯諮詢的方式幫助更多人；更要謝謝從草創期開始，跟我一起開荒僻野，讓這本書中提到的職涯規畫方法，變得更完善的金善奎先生，真心感謝有你們。

此外，還要特別感謝我的編輯崔在貞女士和 Bookcloud 出版社，謝謝你們沒有因為我不純熟的寫作技巧，和多次的拖稿延誤而失去耐心，反而像是我的作文老師不斷指導我，給我很多幫助。

最後，我想對和我的第一本書同時誕生來到這個世界上的，我的第一個寶貝孩子說，爸爸希望妳在未來遇到工作上的煩惱時，也能從這本書獲得幫助並找到勇氣。

常雅，盡情地去體驗人生吧！指引妳幸福的北極星，就在妳自己身上！

二〇一九年一月冬天

HEART
心視野 心視野系列060

讓每一次的離職都加分

從離職的念頭中，盤點內在渴望，設計自我實現的藍圖

어제보다 더 나답게 일하고 싶다

作　　者　朴建鎬（Andy K. Park）
譯　　者　鄭筱穎
總 編 輯　何玉美
責任編輯　王郁渝
封面設計　張天薪
內文排版　顏麟驊

出版發行　采實文化事業股份有限公司
行銷企劃　陳佩宜・黃于庭・馮羿勳・蔡雨庭
業務發行　張世明・林踏欣・林坤蓉・王貞玉
國際版權　王俐雯・林冠妤
印務採購　曾玉霞
會計行政　王雅蕙・李韶婉
法律顧問　第一國際法律事務所　余淑杏律師
電子信箱　acme@acmebook.com.tw
采實官網　www.acmebook.com.tw
采實臉書　www.facebook.com/acmebook01

ISBN　978-986-507-064-9
定　　價　330元
初版一刷　2019年12月
劃撥帳號　50148859
劃撥戶名　采實文化事業股份有限公司
104臺北市中山區南京東路二段95號9樓
電話：（02）2511-9798
傳真：（02）2571-3298

國家圖書館出版品預行編目資料

讓每一次的離職都加分：從離職的念頭中，盤點內在渴望，設計自我實現的藍圖／朴建鎬著；鄭筱穎譯. -- 初版. -- 臺北市：采實文化，2019.12
288面；14.8×21公分. --（心視野系列；60）
譯自：어제보다 더 나답게 일하고 싶다
ISBN 978-986-507-064-9（平裝）
1. 職場成功法　2. 生涯規劃
494.35　　108018389

采實出版集團
ACME PUBLISHING GROUP

廣	告	回	信
台北郵局登記證			
台北廣字第03720號			
免	貼	郵	票

采實文化 采實文化事業有限公司

104台北市中山區南京東路二段95號9樓

采實文化讀者服務部　收

讀者服務專線：02-2511-9798

朴建鎬 (Andy K. Park)——著

鄭筱穎——譯

어제보다 더 나답게 일하고 싶다

讓每一次的離職都加分

從離職的念頭中，盤點內在渴望，設計自我實現的藍圖

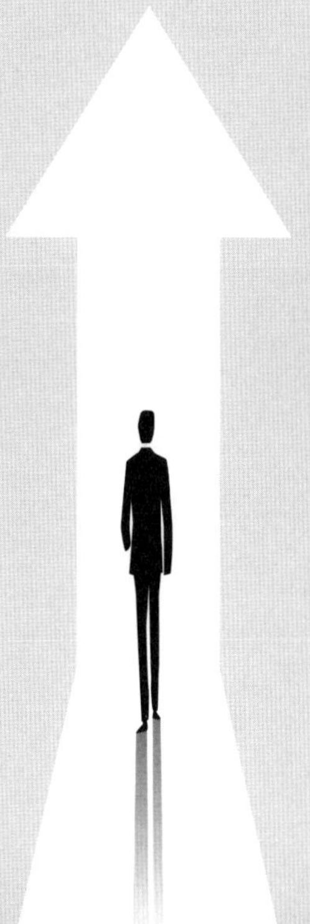

HEART

心|視野系列專用回函

系列：心視野系列 060

書名：讓每一次的離職都加分

讀者資料（本資料只供出版社內部建檔及寄送必要書訊使用）：

1. 姓名：
2. 性別：□男 □女
3. 出生年月日：民國　　年　　月　　日（年齡：　　歲）
4. 教育程度：□大學以上 □大學 □專科 □高中（職） □國中 □國小以下（含國小）
5. 聯絡地址：
6. 聯絡電話：
7. 電子郵件信箱：
8. 是否願意收到出版物相關資料：□願意 □不願意

購書資訊：

1. 您在哪裡購買本書？□金石堂（含金石堂網路書店） □誠品 □何嘉仁 □博客來 □墊腳石 □其他：＿＿＿＿＿＿＿＿（請寫書店名稱）
2. 購買本書的日期是？＿＿年＿＿月＿＿日
3. 您從哪裡得到這本書的相關訊息？□報紙廣告 □雜誌 □電視 □廣播 □親朋好友告知 □逛書店看到 □別人送的 □網路上看到
4. 什麼原因讓你購買本書？□對主題感興趣 □被書名吸引才買的 □封面吸引人 □內容好，想買回去試看看 □其他：＿＿＿＿＿＿＿＿（請寫原因）
5. 看過書以後，您覺得本書的內容：□很好 □普通 □差強人意 □應再加強 □不夠充實
6. 對這本書的整體包裝設計，您覺得：□都很好 □封面吸引人，但內頁編排有待加強 □封面不夠吸引人，內頁編排很棒 □封面和內頁編排都有待加強 □封面和內頁編排都很差

寫下您對本書及出版社的建議：

1. 您最喜歡本書的哪一個特點？□實用簡單 □包裝設計 □內容充實
2. 關於職場的訊息，您還想知道的有哪些？

3. 您對書中所傳達的方法，有沒有不清楚的地方？

4. 未來，您還希望我們出版哪一方面的書籍？

HEART

心視野

HEART
心視野

HEART
心|視野

HEART
心視野